AF267795

# CHEMINS DE FER ANGLAIS

## EN 1873

## RAPPORT DE MISSION

PARIS. — IMP. SIMON RAÇON ET COMP., RUE D'ERFURTH, 1.

# LES
# CHEMINS DE FER ANGLAIS

## EN 1873

## RAPPORT DE MISSION

PAR

## M. MALÉZIEUX

INGÉNIEUR EN CHEF

PROFESSEUR A L'ÉCOLE NATIONALE DES PONTS ET CHAUSSÉES

PUBLIÉ PAR ORDRE

DE

## M. LE MINISTRE DES TRAVAUX PUBLICS

**DEUXIÈME ÉDITION**

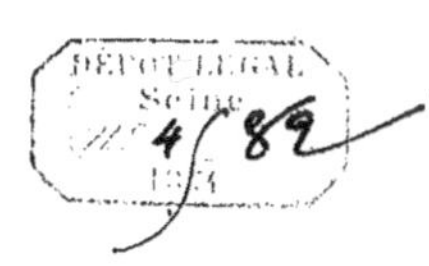

# PARIS

## DUNOD, ÉDITEUR

**LIBRAIRE DES CORPS DES PONTS ET CHAUSSÉES ET DES MINES**

49, QUAI DES AUGUSTINS, 49

## 1874

# LES CHEMINS DE FER ANGLAIS

## EN 1873

# RAPPORT DE MISSION

## INTRODUCTION

### I. — OBJET DU RAPPORT.

Une décision ministérielle du 19 juillet dernier, dont M. le ministre a bien voulu préciser le sens par des instructions verbales, nous a conduit à refaire une étude sommaire des chemins de fer anglais.

L'administration désirait connaître s'il s'est produit chez nos voisins d'outre-Manche, dans la construction ou l'exploitation des voies ferrées, des idées nouvelles que l'on puisse utiliser pour les chemins français. Et, satisfaite de la manière dont nous avions (il y a trois ans) rempli une mission plus importante et plus difficile pour l'ensemble des travaux publics des États-Unis d'Amérique, supposant d'ailleurs qu'il pouvait y avoir quelques rapprochements utiles à faire entre ces deux grands pays, elle nous a demandé d'étudier dans le même esprit et de mettre en relief les traits caractéristiques des chemins de fer anglais, tels qu'ils existent aujourd'hui.

Nous avons passé six semaines en Angleterre, du 24 Juillet au 5 Septembre, séjournant successivement à Londres, Nottingham, Derby, Manchester, Leeds, York, Newcastle, Édimbourg, Perth, Inverness, Glascow, Liverpool, Portmadoc, Hereford et Bristol. Des lettres du *Board of Trade* nous avaient mis en rapport avec les principales compagnies de chemins de fer. — Écartant toute idée de description générale, nous ne parlerons guère que de ce que nous avons vu par nous-même ou entendu dire. Cependant, pour le classement méthodique de ces notes isolées, un grand cadre est nécessaire ; on le trouvera dans la table analytique placée à la suite de ce rapport.

### II. — ESQUISSE GÉOGRAPHIQUE. IDÉE GÉNÉRALE DE LA DISTRIBUTION DES RÉSEAUX.

Les chemins de fer concédés aux différentes compagnies anglaises n'ont pas été, comme les nôtres, groupés de telle sorte qu'en fait, sinon en droit, elles eussent chacune un domaine spécial à desservir. Ce serait plutôt le contraire en principe ; car, sous l'empire d'une concurrence sans frein, les capitaux se portèrent à l'envi vers les directions considérées comme les plus fructueuses.

Néanmoins, par la force même des choses, il s'est constitué des circonscriptions, des régions plus ou moins distinctes, dont les limites ou au moins l'emplacement géographique peuvent être approximativement indiqués. C'est ce que nous allons faire pour les compagnies principales. Ainsi localisés par avance, leurs noms, que nous citerons fréquemment dans le cours de ce rapport, présenteront à l'esprit des images moins abstraites et moins sujettes à se confondre. Mais d'abord il peut être utile de rappeler quelques traits de la géographie physique de la Grande-Bretagne.

L'île principale a environ 1000 kilomètres de longueur du sud au nord et 500 de largeur maximum. Cette largeur décroît à mesure qu'on s'élève vers le nord ; mais, en cinq endroits, elle se trouve exceptionnellement réduite par des échancrures qui se correspondent d'un littoral à l'autre. En voici l'énumération :

1° De Londres à Bristol. La Tamise remonte vers l'ouest jusqu'à un col d'où l'Avon descend obliquement et par une pente beaucoup plus rapide vers la Severn. — 220 kilomètres d'une mer à l'autre.

2° De Hull à Liverpool, de l'Humber à la Mersey. Le faîte séparatif a été, dans son soulèvement, dénudé des puissantes couches de houille qu'on retrouve sur ses deux flancs, dans le Lancashire et le Nottinghamshire. — Encore 220 kilomètres d'une mer à l'autre.

3° De Newcastle à Carlisle, de la Tyne au golfe de Solway. Il n'y a guère ici que 100 kilomètres entre les deux mers, d'une extrémité à l'autre de l'ancien mur d'Adrien. La limite de l'Angleterre et de l'Écosse commence au golfe de Solway, mais elle n'aboutit pas à Newcastle : elle se dirige au nord-est vers Berwick et l'embouchure de la Tweed; elle est marquée par la chaîne des monts Cheviot.

4° D'Édimbourg à Glascow, du Forth à la Clyde. Le mur de Septime-Sévère n'avait peut-être pas plus de 50 kilomètres d'un estuaire à l'autre. Le faîte est si bas et si peu accentué qu'il est à peu près impossible de l'apercevoir quand on le traverse en chemin de fer.

5° D'Inverness à Fort-William, du golfe de Murray au golfe de Linnhe, le long du canal Calédonien et des deux grands lacs qu'il emprunte. La distance est de 100 kilomètres environ; mais cette dépression est dirigée vers le sud-ouest et non plus, comme les quatre premières, vers l'ouest. Le bassin dont elle forme le thalweg est séparé du bassin de Forth et Clyde par la chaîne des monts Grampians.

De la Tamise jusqu'aux plateaux élevés de l'Écosse, on se représente aisément une épine dorsale ondulée, beaucoup plus rapprochée du littoral de l'ouest que de l'autre. Sur le versant de l'ouest, au droit du Pays de Galles, la pente générale du sol est interrompue par la vallée de la Severn. Cette rivière prend sa source à 30 kilomètres seulement du fond de la baie de Cardigan, — dans une contrée pittoresque dont le relief, les habitants, les habitations, la langue peut-être, rappellent la Bretagne[1]; — et elle fait un long circuit par Wellshpool, Shrewsbury, Worcester et Glocester, avant d'aboutir au canal de Bristol. La Wye,

[1] A Festiniog, par exemple, les affiches de la Poste sont écrites en deux langues, dont l'une n'a aucun rapport avec l'anglais.

qui prend sa source presque au même endroit, décrit un circuit analogue et concentrique, par Hereford et Chepstow, avant de se jeter dans le même golfe.

A cette esquisse géographique, si l'on ajoute qu'une ligne droite tirée de Paris à Londres coupe à angle droit, au nord-ouest de Paris comme au sud-est, toute la série des formations géologiques, — depuis la craie, qu'on rencontre à Douvres comme à Troyes, jusqu'au granite, qu'on rencontre dans le Lancashire comme en Bourgogne, — avec ce petit nombre de données, on a des indications suffisantes pour pressentir où les principales villes anglaises ont dû se bâtir et quelle est la distribution générale des voies ferrées.

Londres est le centre d'une étoile qui rayonne dans la direction des grands réseaux, ou du moins d'un certain nombre d'entre eux. On en compte neuf qui tous ont dans la capitale une ou deux grandes gares de tête (*terminus*). Considérés dans l'ordre où ils se succèdent en partant de la Tamise, à l'est de Londres, tournant vers le sud, puis vers l'ouest, et revenant par le nord, ces réseaux répondent aux dénominations suivantes :

1. London, Chatham and Dover,
2. London and South Eastern,
3. London, Brighton and South Coast,
4. London and South Western,
5. Great Western,
6. London and North Western,
7. Midland,
8. Great Northern,
9. Great Eastern.

Parmi les réseaux qui n'aboutissent pas à Londres, les principaux sont les suivants :

Lancashire and Yorkshire,
Manchester, Sheffield and Lincolnshire,
North Eastern,
North British,
Caledonian,
Highland.

Les trois réseaux du sud-est.

Le London-Chatham, le South Eastern et le London-Brighton, dont les deux premiers sont étroitement entrelacés, couvrent la région située au sud-est de

Londres, depuis l'embouchure de la Tamise jusqu'au grand port militaire de Portsmouth. Ces lignes desservent les bains de mer disséminés sur la côte et les relations principales de l'Angleterre avec le Continent. Ce sont essentiellement des lignes de voyageurs, des chemins de grande vitesse. Il n'y a d'ailleurs que 122 kilomètres de Londres à Douvres et 80 de Londres à Brighton.

Les trois lignes principales arrivent dans Londres sur des viaducs, dominant les toits en tuiles noirâtres sous lesquels disparaît la plaine au sud de la Tamise. Toutes les trois s'y bifurquent. Le London-Chatam et le South Eastern ont chacun deux grands ponts sur le fleuve. Le South Eastern aboutit, sur la rive du nord, à deux halles de 60 mètres d'ouverture, dans lesquelles s'engouffrent incessamment des trains de long parcours ou des trains de banlieue. Ni à Paris, ni en Amérique, on n'a l'idée d'un mouvement de voyageurs aussi prodigieux que celui dont ces deux stations et bien d'autres à Londres sont le théâtre[1].

Le réseau du South Western, dont l'artère principale court en ligne droite de Londres à Exeter, dessert presque exclusivement la côte comprise entre Portsmouth et l'embouchure de l'Exe.

Le Great Western est beaucoup plus ancien, plus étendu et plus compliqué. La voie de 7 pieds ($2^m,13$) que lui avait donnée M. Brunel, et dont les derniers tronçons sont en train de disparaître, en avait fait pendant trente ans un réseau complétement isolé. Sa ligne principale, après avoir remonté la vallée de la Tamise, aboutit à Bristol. Que l'on contourne ensuite par Glocester l'estuaire de la Severn, — ou bien qu'on le traverse, à la hauteur de Portskewet, en un point où il y a 14 mètres de marée, par un bateau qui contraste désagréablement pour le confort avec les grands *ferry-boats* de l'Amérique, — on rejoint de l'autre côté la ligne que le Great Western a poussée jusqu'à Milford, à 459 kilomètres de Londres[2]. Le réseau étend d'ailleurs deux grands bras vers le sud et vers le

South Western.

Great Western.

---

[1] La *moyenne* journalière des voyageurs arrivés dans les gares de Londres ou partis de ces gares durant l'année expirée au 30 juin 1872 a été de 281.625.

[2] Le même ingénieur, sinon la même compagnie, a prolongé la ligne de Bristol jusqu'à Exeter, Plymouth et au delà. Le pont de Chepstow sur la Wye avait été construit de 1849 à 1852; celui de Saltash sur le Tamar, à 5 kilomètres au nord de Plymouth, le fut de 1853 à 1859. Le lit encaissé du Tamar est franchi par deux travées qui ont

nord : vers le sud, jusqu'aux bains de mer de Weymouth, en vue de l'îlot calcaire et du brise-lames de Portland ; vers le nord, jusqu'à Birkenhead, en face
des quais de Liverpool.

Avant qu'on eût établi le chemin de fer Métropolitain, la station de Paddington, *terminus* du Great Western, était la seule station *en déblai* qu'il y eût à
Londres. Analogue aux nôtres, elle a été construite de 1849 à 1854.

London<br>and North Western. Le réseau suivant s'annonce assez bizarrement, au nord-ouest de la grande
ville, par un pavillon construit, en avant de la gare d'*Euston*, dans le style des
temples de Pœstum (il y était déjà en 1846). L'architecte a peut-être eu en vue
un rapprochement philosophique, en évoquant ici le souvenir de la plage
inculte et silencieuse où ces imposants débris attestent que la Grande-Grèce
compta naguère quelque ville florissante, comparable peut-être pour la splendeur à ce qu'est Londres aujourd'hui. Mais les préoccupations architecturales
doivent être d'une importance secondaire pour la compagnie du *London and
North Western*. C'est à elle qu'appartient le premier rang parmi les 204 compagnies de l'Angleterre proprement dite. Son capital est d'environ 1.600 millions
de francs ; elle a fait plus de 100 millions de recettes, elle a transporté près de
20 millions de tonnes de marchandises durant le semestre expiré au 30 juin 1873.
C'est pour elle que Robert Stephenson a exécuté ses plus grands travaux. Dès
1846, il prolongeait la ligne de Londres à Liverpool dans la direction de l'ouest,
le long du littoral nord du Pays de Galles, préparant les ponts-tubes de la rivière de Conway et du détroit de Menai, en attendant que les rails atteignissent
Holyhead, où l'on s'embarquait dès lors, comme aujourd'hui, pour Dublin [1].

Il y a 423 kilomètres de Londres à Holyhead et 402 de Londres à Liverpool.
Mais le *London and North Western* ne s'arrête pas là : il se prolonge au nord par

---

chacune 158$^m$,77 d'ouverture. La pile centrale a été fondée à 26 mètres en contre-bas des hautes mers et dans
20 mètres d'eau.

Ces deux ponts de Chepstow et de Saltash sont les plus importants que M. Brunel ait construits, et les plus originaux
au double point de vue de la superstructure et des fondations. On construit du reste aujourd'hui couramment, en
Amérique et en Hollande, avec des fermes métalliques *à grandes mailles*, des travées qui ont 300 pieds (90 mètres)
d'ouverture comme celle de Chepstow ; et l'on n'y emploie que deux tonnes et demie de métal, au lieu de cinq, par
mètre courant de voie simple.

[1] Brunel et R. Stephenson, ces deux grands rivaux dont l'Angleterre est si justement fière, sont morts en 1859,
quelques jours d'intervalle l'un de l'autre.

Preston et Lancastre jusqu'à Carlisle, jusqu'auprès de la petite rivière qui marque la frontière de l'Écosse. Cette rivière coule paisiblement à travers une prairie avant de se perdre dans le golfe de Solway. La station de *Gretna-Green*, qu'on aperçoit de l'autre côté, fait partie du chemin de fer *Calédonien*.

Pour continuer méthodiquement notre énumération, nous devons revenir à Londres de nouveau.



Les trois grandes gares du nord sont très-voisines : celle d'*Euston*, dont nous avons parlé en dernier lieu ; — celle de *Saint-Pancras*, qui est le *terminus* du *Midland*, — et celle de *King's Cross*, qui est le *terminus* du *Great Northern*. Il y a moins d'un kilomètre de la première à la seconde ; pour aller de celle-ci à la troisième, on n'a qu'une rue à traverser.

Il est impossible de citer la station de Saint-Pancras sans dire tout de suite qu'elle vient d'être reconstruite dans des proportions monumentales et avec un très-grand luxe d'architecture. Le style adopté ici, c'est celui des hôtels de ville flamands. Un hôtel immense, ouvert le 5 mai dernier, occupe la plus grande partie du fastueux édifice construit en tête des voies.

La compagnie du Midland paraît attacher peu d'importance au trafic local et songer surtout à desservir les grandes villes. Son réseau ne s'élargit un peu qu'au centre de l'Angleterre, à la hauteur de Derby et Nottingham, Derby où est installée son administration centrale. (Les huit autres compagnies dont nous nous occupons d'abord ont leurs siéges à Londres.) Mais le Midland a en quelque sorte un pied à Bristol, tandis que l'autre est à Londres ; il étend un bras vers l'est par Peterborough, jusqu'au golfe du *Wash*, dans la région des grandes usines à fer ; et surtout il monte vers le nord, atteignant Leeds, Lancastre, Carlisle, luttant partout et corps à corps avec le *London and North Western*. Cette route occidentale de l'Écosse, le Midland aurait voulu la tenir tout entière ; il aurait voulu parvenir à Glascow en se fusionnant avec le *Glasgow and South Western ;* mais le Parlement a refusé, il y a quelques mois, l'autorisation nécessaire à cet effet.

Des grandes compagnies anglaises, celle du Midland semble être la plus entreprenante, la plus accessible aux idées nouvelles, la plus disposée aux expérimentations décisives, nous allions dire la plus américaine. *Nothing venture, nothing have!* Cette maxime, qu'il faut entendre froidement sortir d'une bouche anglo-saxonne pour en comprendre l'énergie et la profondeur, le Midland nous l'a plus d'une fois remise en mémoire. Et pourtant on ne saurait contester l'intelligence, les lumières et la sagesse de son administration. Il faut voir dans le texte des enquêtes parlementaires la déférence que tout le monde témoigne à son « *general manager*, » M. James Allport. Du reste, le président du conseil d'administration, M. Price, est l'un des trois grands personnages que la Reine vient de nommer membres du haut tribunal auquel les chemins de fer anglais seront désormais soumis.

Rétrogradant une dernière fois vers Londres, nous en partirons définitivement pour le nord par le *Great Northern*. Mais auparavant mentionnons le neuvième des grands réseaux qui aboutissent à la capitale, celui du *Great Eastern*. Ce réseau compacte, aussi compacte qu'aucun des réseaux français, domine sans partage la presqu'île comprise entre la Tamise et le Wash. C'est une contrée essentiellement agricole. En fait de houille, le Great Eastern ne transporte que ce que le cabotage amène aux ports de la côte[1].

Le Great Northern, qui a son origine à la station de King's Cross, se développe à travers un pays peu accidenté et une population clair-semée. Il conduit à Leeds ou à l'extrême embouchure de l'Humber, mais pas plus loin, n'empiétant en rien sur le réseau qui lui succède, celui du *North Eastern*.

Arrêtons-nous un moment avant de franchir l'Humber. La zone que nous atteignons, traversée par le *London and North Western* et par le *Midland*, est desservie en outre par un réseau à mailles serrées, le *Lancashire and Yorkshire*, qui couvre tout un triangle ayant sa base sur la côte de l'ouest, de Liverpool

---

[1] La houille arrivée par chemin de fer à Londres en 1869 se répartissait ainsi qu'il suit entre les neuf grandes lignes :

|  | tonnes. |  |
|---|---|---|
| Great Northern. | 91.1839 | En moyenne |
| Midland. | 759.982 | 808.513 tonnes. |
| London and North Western. | 753.719 |  |
| Great Western. | 443.589 |  |
| Great Eastern. | 431.885 |  |
| Les quatre lignes au sud de la Tamise | 40.571 |  |
| Total. | 3.341.585 |  |

à Preston, et son sommet au port de Goole, à quelque distance en amont de l'estuaire de l'Humber. Le Parlement était saisi, dans sa dernière session, d'une demande de fusion présentée par cette compagnie et par celle du *London and North Western*: cette demande fut repoussée. C'est que le pays compris entre Liverpool et Hull est d'une incomparable richesse par ses trois ou quatre millions d'habitants, par ses houillères, par le transit des denrées coloniales à destination de l'Europe du nord, par les blés qui arrivent si aisément, tantôt à Liverpool et tantôt à Hull, suivant que la récolte a été prédominante dans le nouveau monde ou dans l'ancien. Le commerce monopolisé dans une contrée pareille, ce serait une calamité publique. Le Parlement a refusé d'y souscrire.

La compagnie du *North Eastern*, à laquelle nous revenons, a son siége dans l'antique et belle ville d'York. Elle règne en souveraine sur le versant oriental de l'Angleterre dans toute l'étendue comprise entre l'Humber et la Tyne, entre Hull et Leeds au sud, Newcastle et Carlisle au nord. Son réseau d'ailleurs ne s'arrête pas à la Tyne ; il dessert encore le littoral de Newcastle à Berwick, jusqu'à la Tweed.

C'est le *North British* qui complète de ce côté la grande ligne de Londres à Edimbourg. Il vous amène souterrainement à la station de Waverley, au cœur même de la pittoresque et brillante cité, dont les monuments de tous âges, grecs et romains, Moyen âge et Renaissance, se dressent, à l'entour de l'étranger qui arrive, aussi soudainement que les monuments de Venise pour le voyageur déposé par les paquebots de Trieste sur le quai de la place Saint-Marc.

Le North British se ramifie dans la dépression qui aboutit à la mer d'Irlande par la Clyde, à la mer du Nord par le Forth et le Tay. Ce réseau s'entr'ouvre à peine pour laisser passer, de Stirling à Glascow, une ligne qui réunit les deux zones distinctes dévolues au chemin de fer *Calédonien*.

Des deux zones du *Caledonian*, la plus septentrionale s'étend en écharpe, parallèlement à la chaîne des monts Grampians, depuis le port d'Aberdeen au nord-est, jusqu'à la côte opposée, qu'atteindra bientôt un chemin de fer destiné à porter rapidement à Glascow le produit des pêcheries des îles du nord-ouest et certaines marchandises amenées du nord de l'Europe par le canal Calédonien (si vieilli et si délaissé qu'il nous ait paru).

North Eastern.

North British.

Le Caledonian et le Highland.

2

Le *Highland* se soude au *Caledonian* près de Perth. Il s'en détache dans une direction perpendiculaire, remonte la vallée du Tay à travers les frais ombrages de Dunkeld et de Blair-Atholl, marche droit à la chaîne dont il franchit le faîte à 457 mètres d'altitude, puis redescend en s'infléchissant vers Inverness, vers l'embouchure du canal Calédonien. Deux lignes, qui successivement s'avancent, prolongent le Highland vers l'extrémité septentrionale de l'Écosse.

Mais redescendons vers les *basses terres*. La riche région comprise entre le Forth et la Clyde n'est pas seulement desservie par le North British et le Caledonian Railway ; elle l'est encore par un canal de 84 kilomètres dont les bateaux-porteurs à vapeur feraient une redoutable concurrence aux voies ferrées si, malheureusement pour le public, on ne l'eût laissé tomber aux mains de la compagnie du Caledonian. Celle-ci, du reste, a de lourdes annuités à payer aux actionnaires du canal, et elle trouve bien dur que son rival, le North British, profite gratuitement de l'annihilation de la voie navigable.

Qu'on reparte de Glascow ou d'Édimbourg, le Caledonian a d'excellents trains qui se réunissent à Carstairs pour descendre vers Carlisle, où ils prennent la ligne principale du *London and North Western*. Les deux compagnies vivent notoirement dans la plus cordiale entente.

Au 31 décembre 1870, le développement des voies ferrées en exploitation dans la Grande-Bretagne se chiffrait ainsi qu'il suit :

| NUMÉROS D'ORDRE | DÉSIGNATION DES COMPAGNIES | LONGUEUR DES RÉSEAUX | |
| --- | --- | --- | --- |
| | | EN MILLES | EN KILOMÈTRES |
| | **1° ANGLETERRE ET PAYS DE GALLES.** | | |
| 1 | London and North Western. | 1.507 | 2.425 |
| 2 | Great Western. | 1.387 | 2.232 |
| 3 | North Eastern. | 1.281 | 2.061 |
| 4 | Midland. | 972 | 1.564 |
| 5 | Great Eastern. | 874 | 1.307 |
| 6 | London and South Western. | 666 | 1.072 |
| 7 | Great Northern. | 633 | 1.019 |
| 8 | Lancashire and Yorkshire. | 428 | 689 |
| 9 | Manchester, Sheffield and Lincolnshire. | 364 | 586 |
| 10 | London, Brighton, and South Coast. | 351 | 565 |
| 11 | South Eastern. | 327 | 537 |
| 12 | North Staffordshire. | 190 | 306 |
| 13 | Cambrian. | 180 | 290 |
| 14 | Bristol and Exeter. | 163 | 263 |
| 15 | London, Chatam and Dover. | 139 | 222 |
| 16 | South Devon. | 112 | 191 |
| | 188 autres Compagnies. | 1.469 | 2.462 |
| | | 11.013 | 17.691 |
| | **2° ÉCOSSE.** | | |
| 1 | North British. | 789 | 1,270 |
| 2 | Caledonian. | 784 | 1,262 |
| 3 | Highland. | 318 | 511 |
| 4 | Glascow and South Western. | 291 | 469 |
| 5 | Great North of Scotland. | 286 | 450 |
| | 30 autres compagnies. | 51 | 89 |
| | | 2.519 | 4.051 |

Si l'on ajoute l'Irlande, on a, pour l'ensemble des chemins de fer du Royaume-Uni, une longueur totale de 24.745 kilomètres exploitée en 1871. Au 31 décembre 1872, cette longueur était portée à 25.450 kilomètres.

En nombres ronds, on peut dire que l'Angleterre a 25.000 kilomètres de voies ferrées, qui lui ont coûté 14 milliards de francs, tandis que la France en a 18.000 qui ont coûté 8 milliards, et les États-Unis 92.000 qui ont coûté 16 milliards.

# CHAPITRE I<sup>er</sup>

# CONSTRUCTION

§ 1. — FORMALITÉS LÉGISLATIVES ET ADMINISTRATIVES.

Initiative<br>de l'industrie privée.<br>Rôle du Parlement.

L'initiative de l'établissement des voies ferrées en Angleterre vient exclusivement de l'industrie privée ; c'est de tradition en matière de grands travaux publics. Mais rien ne peut se faire sans une autorisation du Parlement. N'y eût-il qu'un kilomètre à construire, il faut que la législature intervienne ; les Chambres seules, agissant d'accord, peuvent investir un individu, une compagnie, du droit d'occuper des terrains qui, au lieu de rester dans le domaine privé comme en Amérique, vont passer comme en France dans le domaine public, — du droit de percevoir des taxes sur les usagers de ces nouvelles voies de communication, — du droit de requérir directement la force publique pour faire respecter les priviléges concédés par la loi. Ces prérogatives de la souveraineté publique ne peuvent, en Angleterre, émaner que du Parlement.

C'est au Parlement que les compagnies s'adressent. Les demandes de concessions donnent lieu à des examens séparés en ce qui concerne les terrains à occuper, l'utilité publique de la ligne à construire et les conditions financières de l'opération. Elles sont soumises successivement aux deux Chambres qui, l'une et l'autre, laissent d'abord à des commissions le soin de les examiner en détail. C'est devant ces commissions surtout qu'ont lieu les débats contradictoires, que tous les intérêts se font entendre, que les autres compagnies notamment viennent appuyer ou combattre le projet d'une entreprise nouvelle dont elles attendent quelque profit ou quelque dommage. Après ces luttes, souvent passionnées et toujours très-coûteuses pour les parties en cause, le Parlement accueille ou rejette les demandes de concession. Son adhésion confère le droit d'expropriation.

Le dossier d'un projet de chemin de fer approuvé par l'autorité législative ne se compose guère que d'un plan et d'un profil en long (un plan parcellaire à l'échelle de $\frac{1}{1.250}$ et un autre à l'échelle de $\frac{1}{16.090}$). Les détails de la construction sont laissés, au moins provisoirement, à la discrétion des compagnies, et elles exécutent comme bon leur semble[1].

Rôle de l'administration.

Mais les lignes ne pourront être ouvertes qu'après une réception qui dépend de l'administration et que celle-ci subordonne à ce qu'elle croit être commandé par la sécurité publique. Elle a un droit de veto, qui ne lui est conféré d'ailleurs qu'à cet unique point de vue et pour ce moment suprême. Le *Board of Trade* fait donc après la construction des lignes, dans l'examen des travaux, ce que fait en France le ministre des Travaux publics dans l'examen des projets; et la ressemblance est d'autant plus grande que, pour épargner aux compagnies des mécomptes, le Board of Trade leur indique d'avance certaines conditions qu'il voudra voir réalisées. Ces conditions, il les a formulées en termes généraux, il en a fait une sorte de devis général dont nous allons, pour fixer les idées, citer textuellement un certain nombre d'articles.

Quais.

Les quais des stations à voyageurs doivent être continus et présenter une largeur d'au moins 6 pieds (1ᵐ,83) dans les stations peu importantes et 12 pieds (3ᵐ,66) dans les autres ; ces quais doivent se terminer par des plans inclinés et non par des marches d'escaliers. Les piliers ou colonnes formant supports de toitures ou autres constructions doivent être à 6 pieds au moins du bord des quais. La hauteur de ceux-ci au-dessus des rails doit être, pour bien faire, de 0ᵐ,76 : elle ne doit pas être inférieure à 0ᵐ,53.

Viaducs.

Quand les stations sont placées à proximité d'un pont ou viaduc sous rails, il faut élever de chaque côté du chemin de fer des parapets de 0ᵐ,90 de hauteur et les surmonter d'un garde-corps pour empêcher que les voyageurs ne tombent par-dessus dans l'obscurité. Tous les viaducs sous rails doivent être munis de garde-corps et de places de refuge pour les poseurs. Les viaducs en bois ou en fer doivent être pourvus de trous d'homme et autres aménagements propres à en faciliter l'inspection.

Escaliers.

Les marches des escaliers aux abords des stations, des passerelles sur rails et des passages en dessous pour piétons doivent avoir au moins 0ᵐ,28 d'emmarchement et au plus 0ᵐ,18 de hauteur ; tous ces escaliers doivent être pourvus d'une main courante.

[1] Diverses lois (1845, 1863, 1864) ont permis aux Compagnies de s'écarter dans une certaine mesure des projets approuvés, leur épargnant souvent ainsi l'onéreuse obligation de revenir devant le Parlement.

*Aiguilles.* — Il ne doit y avoir d'aiguilles prises en pointe que sur les lignes à voie unique, aux bifurcations ou dans des cas exceptionnels.

Toute voie de garage aboutissant à une voie parcourue par des trains de voyageurs doit s'embrancher en même temps sur une voie en cul-de-sac, commandée par une aiguille qui, reliée avec le signal de la voie principale, doit être en principe fermée contre celle-ci. [*Cette précaution mérite d'être spécialement remarquée; nous y reviendrons en parlant de l'exploitation et des collisions de trains.*]

*Plaques tournantes.* — Les plaques tournantes doivent avoir un diamètre assez grand pour que la plus longue machine en usage sur le réseau puisse y tourner en même temps que son tender.

*Pentes.* — A moins qu'il ne soit pas possible de faire autrement, on ne placera pas de stations sur une pente supérieure à $\frac{1}{250}$ (4 millimètres par mètre). S'il faut absolument dépasser cette limite et que la voie soit double, on établira du côté de la voie montante, en aval de la station, une voie latérale d'arrêt (*catch-siding*) reliée à la ligne principale par une aiguille ouverte de façon à saisir au passage et à dévier les wagons que la gravité pourrait entraîner sur la pente. Si la ligne est à voie unique, on doublera la voie dans une étendue suffisante pour pouvoir appliquer la même disposition.

*Ponts.* — Dans un pont en fonte, la charge de rupture des poutres doit être au moins égale à trois fois le poids de la superstructure, plus six fois la plus forte charge roulante que le pont peut avoir à supporter.

Dans un pont en tôle, la plus forte charge roulante, ajoutée au poids de la superstructure, ne doit produire en aucun point un effort supérieur à 5 tonnes par pouce carré ($7^k,87$ par millimètre carré). — Les plus lourdes machines employées sur le réseau donnent la mesure des plus fortes charges qu'un pont peut avoir à supporter. Ces règles s'appliquent à la fois aux poutres longitudinales et aux pièces de pont. Celles-ci doivent être en état de résister aux poids maxima que supportent les roues motrices des locomotives.

La surface supérieure des tabliers des ponts et viaducs en bois doit être protégée contre le feu.

*Rails.* — Les rails doivent être réunis entre eux par des éclisses ou par quelque autre attache équivalente. Sur les embranchements ou sur les lignes dont le trafic sera faible, les wagons légers et les locomotives de construction ordinaire, le poids des coussinets en fonte peut descendre jusqu'à $11^k,70$; mais sur les lignes principales, et quand de lourds transports doivent être opérés à grande vitesse, les coussinets doivent peser au moins de 28 à 30 livres (de $12^k,60$ à $13^k,50$).

*Portières.* — Aucun ouvrage permanent (*standing work*), autre qu'un quai à voyageurs, ne doit être à moins de $0^m,71$ de la plus large voiture employée sur la ligne, dans l'espace compris entre le niveau de $0^m,76$ au-dessus des rails et le dessus des plus hautes portes des voitures. Ceci s'applique aux voûtes, aux culées, piles, supports, poutres, tunnels, ponts, toits, murs, poteaux, réservoirs, signaux, clôtures, et à tous autres ouvrages en saillie le long d'un chemin de fer, quelle que soit la largeur de la voie.

*Entrevoie.* — L'intervalle ménagé entre deux voies ou entre une voie ordinaire et une voie de garage ne doit pas être inférieur à 6 pieds ($1^m,83$).

*Passages à niveau.* — A tous les passages à niveau de routes publiques, les barrières doivent être construites de manière à pouvoir intercepter le chemin de fer aussi bien que la route, sur l'un et l'autre côté du passage, sans jamais ouvrir à la fois les deux voies de communication. Conformément à une prescription du Parlement, il doit y avoir à côté une maison de garde ou, si le passage est contigu à une station, une guérite. — Les barrières en bois sont considérées comme préférables aux barrières métalliques pour la fermeture du chemin de fer.

*Appareils d'enclenchement.* — Aux points de jonction de plusieurs lignes, les leviers de manœuvre des signaux et des aiguilles doivent être réunis dans un pavillon élevé au-dessus de la voie, couvert et vitré de tous les côtés. Ces leviers doivent être disposés de façon à satisfaire aux conditions suivantes :

Quand les signaux ferment la voie, les aiguilles doivent être libres de se mouvoir ;

L'agent ne doit *pouvoir* abaisser le bras mobile qui défend à un train d'approcher qu'après qu'il a mis les aiguilles dans une direction concordante avec le passage du train ;

Il ne doit pas *pouvoir* faire en même temps deux signaux susceptibles d'amener une collision entre deux trains;

Quand il a effacé les signaux pour laisser passer un train, il ne doit pas *pouvoir* déplacer ses aiguilles de manière à occasionner un accident ou à laisser une collision se produire entre deux trains;

Chaque agent doit voir les bras mobiles et les lanternes de son sémaphore, aussi bien que ceux qui en reproduisent les indications à distance; il doit voir également le mouvement de ses aiguilles;

Tous les signaux qui sont manœuvrés par le moyen d'un fil de fer doivent être équilibrés de telle sorte qu'ils se tournent à l'arrêt si le fil vient à se rompre.

Dans cette énumération partielle des conditions requises par le Board of Trade pour la réception des lignes, nous en avons à dessein compris quelques-unes dont la simplicité pourra surprendre. Mais ce n'est pas tout. La partie descriptive de nos devis *particuliers* ne contient pas une seule spécification (rayons des courbes, longueurs des alignements, position des ouvrages d'art, etc.) qui ne doive être méthodiquement présentée au Board of Trade suivant des formules préparées à cet effet. D'où l'on peut inférer que la construction des chemins de fer én Angleterre est aujourd'hui soumise à un véritable contrôle, plus minutieux qu'on ne le suppose généralement chez nous.

### § II. — DU TRACÉ. LIMITES ACTUELLEMENT ADOPTÉES POUR LES PENTES ET LES COURBES.

London and South Eastern.

La ligne de New Cross à Chislehurst et Tunbridge, ouverte en 1868, et qui depuis lors fait partie de la ligne directe de Londres à Douvres, est essentiellement destinée à des trains de grande vitesse. Cependant elle présente des pentes de 8 millimètres et des courbes de 600 mètres de rayon. Ce sont là, nous a-t-on dit, des limites extrêmes.

Le court embranchement de Folkestone à la ligne principale a des pentes de 25 millimètres.

L'embranchement qui relie Cantorbéry à la mer et qui est exclusivement affecté au transport des houilles, est un des plus récemment établis. Il a des pentes de 36 millimètres.

London, Brighton and South Coast.

La ligne de Brighton à Londres n'a pu parvenir jusqu'à la station de *Victoria* qu'en serpentant dans Londres par des courbes de 460 à 560 mètres de rayon.

Le rayon minimum sur ce réseau est de 443 mètres. La pente maximum est de 17 millimètres.

La compagnie du Great Western a construit depuis trois ans dans le sud du Pays de Galles et dans le Gloucestershire plusieurs lignes de second ordre, des embranchements principalement destinés les uns au transport des voyageurs, les autres au transport du charbon et des minerais de fer. Ces lignes paraissent pouvoir être considérées comme de bons exemples de construction économique.

Pour les premières, on n'a pas admis de pentes supérieures à 17 millimètres. Pour les lignes *minérales*, on exploite très-convenablement avec des pentes *descendantes* de 33 millimètres; mais on limite à 20 millimètres les rampes que les trains doivent gravir à charge.

Les rayons des courbes ne descendent pas au-dessous de 300 mètres en pleine voie et 200 mètres aux points de jonction des lignes de voyageurs. Sur les lignes minérales, où la vitesse ne doit pas dépasser 24 kilomètres à l'heure, le minimum du rayon est de 200 à 240 mètres.

Sur la grande ligne, de Londres à Crewe, il n'y a pas de pente supérieure à 5 millimètres. Dans le Pays de Galles, la même compagnie en a fréquemment admis de 25 millimètres. On a été jusqu'à 28 sur la section de Brynmawr à Abergavenny.

Le rayon des courbes ne descend guère au-dessous de 1.200 mètres sur la ligne principale, mais on est descendu accidentellement à 160 mètres sur des embranchements.

Sur ce réseau et sur beaucoup d'autres, on admet sans difficulté 12 à 13 millimètres de pente pour des lignes ordinaires de voyageurs.

Les plus fortes rampes du Caledonian sont de 20 millimètres et les plus petits rayons de 240 mètres. Cependant on construit en ce moment une ligne avec des rayons de 140 mètres.

Les deux plus fortes rampes du Highland sont une rampe de 17 millimètres sur 3$^k$,2, et surtout une autre de 14 millimètres sur 18 kilomètres.

La rampe maximum du réseau Cambrien a 19 millimètres et règne sur 5 kilo-

*Great Western.*

*London and North Western.*

*Manchester, Sheffield et Lincolnshire.*

*Caledonian.*

*Highland.*

*Cambrian.*

mètres. On en rencontre plusieurs autres de 17 millimètres. La pente normale
est de 13 millimètres.

Pentes spéciales<br>à l'intérieur des villes.

Des sujétions locales ont conduit à admettre dans l'intérieur des villes des
pentes exceptionnellement fortes. En voici trois exemples :

Le London-Chatham a, comme nous l'avons déjà indiqué, deux ponts sur la
Tamise, amenant ainsi les voyageurs du Continent soit au terminus de *Victoria*,
au milieu des tranquilles et opulents quartiers de l'ouest, soit à la station de
*Ludgate Hill*, au centre bruyant du commerce et des affaires. La voie descend
du pont de Victoria vers le nord par une pente de 15 millimètres ; on n'a réservé,
entre le pied de cette pente et la station, que l'espace nécessaire pour lancer
les trains au départ. De la station de Ludgate Hill, le chemin de fer, se prolon-
geant à travers la ville, descend par une pente de 26 millimètres pour pouvoir
passer sous la rue-viaduc de Holborn, d'où il va se raccorder avec le Metropolitan.

A Manchester, une rampe de 37 millimètres d'inclinaison et 1.600 mètres de
longueur commence à une centaine de mètres du terminus du *Lancashire and
Yorskshire*. Cette rampe était originairement exploitée à l'aide d'une machine
fixe. On se propose d'ailleurs de la rectifier.

Conclusions.

On peut, croyons-nous, dire en termes généraux que la pente est aujourd'hui
portée, savoir : pour les lignes de grande vitesse, jusqu'à l'extrême limite de
8 millimètres, et pour les lignes ordinaires à 10 ou 12 millimètres couramment.

Le rayon des courbes a été diminué en même temps sur certaines lignes ;
mais cela paraît tenir à des modifications introduites dans les locomotives et
notamment à un usage plus répandu du *bogie* ou avant-train articulé des Américains.

§ III. — DE LA VOIE PROPREMENT DITE.

I. — RAILS.

En fait de terrassements et d'ouvrages d'art, nous n'avons rien aperçu de
nouveau et qu'il y ait lieu de mentionner ici. Pour les ponts notamment, nous

n'avons rien vu d'original, rien qui puisse être mis en parallèle avec les instructives nouveautés de l'Amérique. Mais quelque intérêt s'attache à la constatation des idées régnantes sur la forme et la nature des rails.

La compagnie du South Eastern préfère toujours le rail à double champignon, posé sur traverses. L'un des avantages qu'elle lui attribue sur le rail américain (le rail à patin, importé en Angleterre et préconisé par M. Vignoles), c'est la rapidité plus grande avec laquelle on peut procéder au remplacement. Cet avantage est capital sur des lignes chargées comme le sont celles de Londres et de la banlieue. Il a, dit-on, suffi pour déterminer la compagnie du *Metropolitan* à revenir du rail à patin à l'autre. London<br>and South Eastern.

¦ environ des rails du South Eastern est aujourd'hui en acier.

Les rails en fer coûtent en ce moment 12 livres la tonne (de 295 à 310 francs); les rails en acier coûtent de 4 à 5 livres de plus. Mais la différence de prix va chaque jour en diminuant. Du reste, l'économie notable que l'acier présente, eu égard à sa durée, sur les lignes très-fréquentées, est considérée comme un avantage moins important que celui qui tient aux embarras qu'on s'épargne et à la sécurité qu'on se procure en renouvelant moins fréquemment les rails. Ceci nous a été répété partout.

La compagnie de Brighton, comme celle du South Eastern, emploie de préférence des rails à double champignon pesant 37$^k$,50 par mètre courant. London, Brighton and<br>South Coast.

Elle a des rails d'acier posés sur une longueur totale de près de 20 kilomètres.

On sait que la compagnie du Great Western n'a d'abord employé que des rails Brunel ou rails en U (*Bridge Rails*), posés sur des longrines en bois. La voie était bonne tant que les longrines étaient neuves. Mais, avec le temps, le rail s'enfonçait inégalement dans le bois, et la voie devenait rude. D'ailleurs les réparations, dans ce système, sont difficiles et coûteuses ; l'enlèvement des boulons et le creusement du sol sous les longrines sont des opérations peu commodes. Great Western.

A ces rails primitifs on avait commencé à substituer des rails à double champignons posés sur traverses. Ici encore, le système est très-apprécié au point de vue de la facilité d'entretien et de renouvellement. Il aurait, nous disait-on, conservé sa supériorité sans l'introduction de l'acier. Avec l'acier, il est inutile de donner la même grosseur aux deux champignons ; on renonce à la symétrie et l'on fait la base plus petite, mais en la fixant toujours, par des coins, dans des coussinets posés sur traverses.

La question en était là, quand l'élévation du prix de la fonte a ramené l'attention vers la suppression des coussinets et la fixation directe du rail sur les traverses, suivant le procédé américain. On arrive donc à ce système par une considération d'économie.

Sur les lignes secondaires, on emploie encore aujourd'hui un rail Brunel, en fer ou en acier, pesant 34 kilogrammes par mètre courant et ayant une longueur de 6$^m$,71. Sur les lignes de grand trafic, on n'emploie que des rails en acier pesant 40 kilogrammes par mètre courant, les uns à double champignon, les autres à patin. Ceux-ci ont 122 millimètres de hauteur totale, 133 millimètres de largeur à la base et 7$^m$,01 de longueur. Enfin, pour les lignes peu fatiguées et les voies de garage, on emploie soit un rail à patin de 115 millimètres de hauteur et 140 millimètres de largeur à la base, pesant 37$^k$,50 par mètre courant, soit un rail Barlow, qui n'a pas besoin de supports en bois.

Pour ne pas affaiblir les rails à patin, on fait alterner un tire-fonds avec un crampon, et celui-ci se pose sans l'encoche américaine.

Enfin, l'acier qu'on emploie est de l'acier de première qualité. L'acier fabriqué à Sheffield a procuré une grande économie dans l'établissement des aiguilles et des traversées de voies.

London<br>and North Western.

La compagnie du London and North Western emploie des rails à double champignon, les uns en fer, symétriques, et pouvant par suite se retourner, tandis que les autres sont en acier et non symétriques. Dans ce dernier cas, le champignon supérieur se rapproche beaucoup plus d'un rectangle que l'autre ; il a 0$^m$,04 d'épaisseur verticale au milieu, au lieu de 0$^m$,03. Les rails de fer ont 6$^m$,40 de longueur et ceux d'acier 9$^m$,15. Ceux-ci pèsent 42 kilogrammes, les autres 41 par mètre courant.

Midland.

On ne pose plus que des rails en acier sur la ligne principale et sur les embranchements les plus importants.

Le Midland emploie des rails en fer à double champignon et des rails en acier à base presque carrée (*Bull Headed Rails*).

Ce dernier type est celui qui est considéré comme le meilleur par la compagnie du Great Northern. Depuis dix-huit mois, elle a posé environ $\frac{2}{3}$ de rails d'acier pour $\frac{1}{3}$ de rails de fer.

Great Northern.

La compagnie du Lancashire and Yorkshire a les deux mêmes types que les compagnies précédentes. Son coussinet pèse 21 kilogrammes. — Elle n'emploie le rail à large patin que sur les ponts et quand la hauteur manque.

Lancashire and Yorkshire.

Emploi exclusif de rails d'acier du type *Bull Headed*, pesant 40 kilogrammes par mètre courant et valant 400 francs la tonne.

Manchester, Sheffield and Lincolnshire.

Double champignon pesant 40 kilogrammes. Au 31 juillet 1873, sur 673 milles de développement total du réseau, il y en avait 50 environ en rails d'acier.

Caledonian.

En résumé, il y a encore en Angleterre quelques divergences sur la meilleure forme de rails. On vante beaucoup la facilité de remplacement du rail à double champignon, et il se peut que ce rail conserve son ancienne prééminence sur des lignes aussi encombrées que celles des environs de Londres. Mais ce que nous avons vu et entendu dire ne nous paraît pas de nature à infirmer l'idée, généralement admise en France aujourd'hui, que la forme du rail américain ou Vignoles est la meilleure pour les cas ordinaires.

Conclusions.

Quant à la substitution des rails d'acier aux rails de fer, l'avantage en est proclamé en Angleterre comme en France. On apprécie surtout la durée plus grande de l'acier, et on le substitue au fer dans toutes les portions de voies fatiguées habituellement par le serrage des freins. Nous n'avons vu nulle part qu'on utilisât, par une réduction du poids des rails, la supériorité que l'acier présente sur le fer au point de vue de la résistance à la flexion et à la rupture ; tandis qu'en France la compagnie du Nord et celle de l'Est réduisent à 30 kilogrammes par mètre courant le poids de leurs rails d'acier à patin, les compagnies anglaises (comme celle de Lyon) le maintiennent à peu près à 40 kilogrammes. — Nous n'avons, en définitive, rien vu qui nous fît penser que les compagnies françaises aient quelque chose à apprendre en cette matière.

## II. — ADDITION D'UNE SECONDE VOIE.

Beaucoup de chemins de fer anglais ont été construits dès le début en double voie, ou, s'ils n'ont eu d'abord qu'une voie unique, la pose de la seconde voie a été déterminée bien moins par l'insuffisance de la première que par le besoin de s'affranchir de toutes sujétions dans la concurrence à soutenir contre des lignes rivales. Dans cette catégorie se rangent les trois réseaux du sud-est, ainsi que le Midland, le Great Northern, le Caledonian. Mais il n'en est pas de même du Great Western et du London and North Western. — Du reste l'usage, chaque jour plus répandu, du *Block System* (système d'isolement des trains) permet de reculer la limite à laquelle une seconde voie devient nécessaire.

Great Western.

La ligne de Shrewsbury à Hereford, qui appartient en commun aux deux grandes compagnies, fut d'abord exploitée avec une seule voie. Durant l'année qui précéda l'addition de la seconde, les recettes avaient été d'environ 2.000 livres par mille (31.250 francs par kilomètre).

Le Great Western a plusieurs embranchements à voie unique dont les recettes annuelles sont actuellement comprises entre 5.000 et 23.000 francs par kilomètre.

London and North Western.

Sur le London and North Western, on admet qu'en général une seconde voie devient nécessaire quand les recettes dépassent 30 livres par mille et par semaine, ce qui ferait (dans l'hypothèse d'un trafic constant et uniforme) 39.000 francs par kilomètre et par an.

Dé Londres à Bletchley et de Rugby à Nuneaton (sur la ligne principale du London and North Western), il y a maintenant trois voies, et l'on travaille activement à en établir une quatrième. De Stafford à Crew, il y en a deux, et l'on en construit deux autres. On double même certains tunnels et l'on remanie les stations. Il y aura bientôt quatre voies sur la moitié environ de la distance de Londres à Liverpool.

### III. — LARGEUR DE VOIE.

La voie exceptionnelle du Great Western a presque entièrement disparu, les lignes du réseau ayant été successivement ramenées à la largeur ordinaire de 1$^m$,436. (A côté de ce fait, on peut citer une transformation pareille qui s'opère présentement en Amérique sur le chemin de fer de l'Erié et les lignes faisant suite, depuis New-York jusqu'à Cincinnati.) La coexistence de deux systèmes qui ne peuvent se transmettre les voyageurs et les marchandises que par un transbordement, et qui ne peuvent admettre le même matériel roulant, est presque universellement aujourd'hui condamnée en Angleterre. C'est l'objection capitale qu'on oppose aux chemins de fer *à voie étroite.*

Le seul du genre qui existe en Angleterre est toujours le chemin de Portmadoc à Festiniog (au nord-ouest du Pays de Galles). Ce chemin n'a que 0$^m$,55 de largeur de voie ; mais les caisses des wagons à voyageurs, montées chacune sur deux *bogies* américains, et descendant à 0$^m$,20 des rails, ont 1$^m$,78 de largeur avec une hauteur de 1$^m$,83. Nous y avons circulé avec une vitesse de 35 kilomètres dans des courbes de 48 mètres de rayon. Les impressions que nous avons rapportées de cette excursion et de conversations que nous avons eues avec MM. Ch. Liddell et Fairlie, avocats très-déterminés de la voie étroite, nous ont conduit à penser que le système avait été apprécié un peu sévèrement dans la discussion à laquelle il a donné lieu au sein de la Société des ingénieurs civils de Londres. Mais nous ne voudrions pas émettre une opinion incidemment, et après un examen aussi superficiel, sur une question de cette importance. Nous ne la mentionnons ici que pour ordre.

## § 4. — DES STATIONS.

### 1. — DE L'EMPLACEMENT DES GRANDES STATIONS.

En Angleterre comme en France, on s'est effrayé d'abord de l'idée de faire arriver les chemins de fer jusque dans l'intérieur des villes. Des objections de tous genres se produisirent dans les enquêtes qui précédèrent l'établissement des grandes gares de Londres. Contre le terminus du Great Western, par exemple, en 1834, on accumula tous les griefs qu'eût pu faire surgir l'établissement le plus insalubre et le plus incommode. Qu'allaient devenir ces quartiers de l'Ouest, incomparables (disait un des avocats) pour la pureté de l'air qu'on y respire? Qu'adviendrait-il des « torrents de feu » qui s'échappent des locomotives? Suffirait-il d'un parapet de 2 mètres pour soustraire le foyer domestique au regard indiscret des voyageurs passant sur des viaducs de 7 à 8 mètres de hauteur? Piccadilly et les autres grandes artères n'allaient-elles pas être encombrées, obstruées à certaines heures du jour dans le voisinage de la gare? Et quels abatis de maisons, quelle effroyable dépense ! Etc.

Mais la raison publique réduisit ces objections à leur juste valeur, et il fut bientôt admis qu'un chemin de fer est inachevé quand il n'arrive pas au centre de la localité qu'il dessert. Cette particularité des grandes gares anglaises est bien connue; cependant, nous croyons qu'il peut n'être pas inutile de la signaler encore et de consigner ici l'expression de l'étonnement nouveau que nous en avons ressenti[1].

A Londres, il y a d'abord cinq grandes gares de tête presque contiguës à la Tamise, dont la position est analogue à celle de la Seine dans Paris, savoir :

1° Sur la rive sud :

---

[1] On nous permettra de rappeler quelques plans de masse, dressés pour mettre ce fait en évidence en 1846, au retour d'une mission d'élève-ingénieur, et publiés dans les *Annales des ponts et chaussées*, 1849, 1er semestre. Ces croquis d'ailleurs seraient entièrement à refaire aujourd'hui.

Près du *London Bridge*, les deux *terminus* accolés du South Eastern et du London-Brighton.

Près du *Waterloo Bridge*, le terminus du South Western;

2° Sur la rive nord :

Les deux autres terminus déjà nommés du South Eastern (*Charing Cross* et *Cannon Street*).

Sur la même rive, et à peu de distance du fleuve, les deux terminus du London-Chatham (*Victoria Station* et *Ludgate Hill*). Victoria Station comprend d'ailleurs un second terminus qui appartient au London-Brighton.

La station de l'ouest (*Paddington*), les trois stations du nord (*Euston, Saint-Pancras, King's Cross*), sont situées à peu près comme si elles se trouvaient à Paris sur l'ancien boulevard extérieur. Mais nous devons ajouter que le chemin de fer *Métropolitain*, sur lequel les trains se succèdent à quelques minutes d'intervalle, relie toutes ces stations de la rive nord en un faisceau unique.

Le Metropolitan n'est pas encore terminé. Une lacune de 1 kilomètre (en ligne droite) existe encore entre les stations de *Mansion House* et de *Moorgate Street*, entre les extrémités de ce circuit dont le grand axe a 7 kilomètres et le petit moitié moins. Mais la partie orientale de la *Cité* a déjà deux autres têtes de lignes, les stations de *Fenchurch Street* et de *Broad Street*, qui la relient avec une autre ceinture de plus grand rayon et par suite avec toutes les lignes dont nous avons fait l'énumération.

On peut, en résumé, comparer la ville de Londres à un ensemble de trente ou quarante villes de 100.000 habitants, juxtaposées, et dont chacune aurait une station d'où l'on peut partir, muni de son billet de place et suivi de ses bagages, pour une ville quelconque de l'Angleterre ou de l'Écosse.

. A Newcastle, à Édimbourg, à Glascow, à Liverpool, s'il eût existé des points coïncidant plus exactement avec les centres principaux de la vie locale, c'est là qu'on eût établi les gares, coûte que coûte. Une grande ville anglaise ne paraît convenablement desservie qu'à cette condition.

Et l'on ne se préoccupe pas seulement de l'emplacement général d'une station. Les compagnies anglaises, qui n'attendent pas que le public vienne à elles, qui vont à lui et le prennent en quelque sorte au passage, attachent aux voies d'accès et aux abords des stations une importance qui paraîtrait excessive chez nous. En voici un exemple saillant, qui se réalise en ce moment même. — La compagnie du London-Chatham déplace sa station de Ludgate Hill. De ce palier, d'où la voie plonge pour aller passer sous le viaduc municipal d'Holborn, elle fait partir une voie nouvelle, une voie montante, qui aboutira sur la grande artère desservie par ce viaduc : il y aura là un véritable terminus, avec un grand hôtel en bordure sur la rue même, tout près de Saint-Paul, sur le chemin de la Banque et de la Bourse. L'ingénieur en chef de la compagnie, qui nous développait sur place les avantages de la position, regardait avec enthousiasme la foule affairée qui encombrait la rue. Quel résultat que d'épargner à une partie de ce monde trois ou quatre minutes de plus le matin et le soir ! Quelles recettes pour le chemin de fer qui les portera et les reprendra juste au centre de leurs affaires ! Quelle clientèle, non-seulement pour les trains de banlieue (qu'aucune compagnie anglaise ne dédaigne), mais pour tous les trains qui, circulant à partir de 6 heures du matin, peuvent arriver à Londres entre 9 et 11 heures[1] !

Cette influence de la position centrale des grandes stations est universellement admise en Angleterre, et de jour en jour l'expérience l'a plus fortement consacrée. A Paris, laissant les gares de marchandises où elles sont, et les services accessoires n'importe où, les Anglais auraient fait converger toutes les voies ferrées vers la place de l'Hôtel-de-Ville, la place de la Bourse, le Louvre, tout au moins vers la ligne des boulevards. Si la gare de Lyon, au lieu d'être isolée, perdue, comme elle l'est sur le boulevard Mazas, était en bordure sur la rue Montmartre, peut-on douter que son trafic, en voyageurs de 2$^e$ et 3$^e$ classe surtout, dût en être profondément modifié ? Pour le paysan ou le boutiquier qui arrivent le matin de la Bourgogne ou de l'Auvergne, il n'est pas indifférent de se trouver déposé sur le pavé de Paris à une extrémité de la ville, à 3 ou 4 kilomètres du centre, ou d'être immédiatement transporté dans le quartier où ses affaires l'appellent. La perspective plus ou moins confuse du voyage n'est pas la même pour lui dans les deux cas ; et c'est là souvent ce qui détermine à partir ou à rester.

[1] « Le reflux de chaque soir ramène ceux que le flux du matin avait apportés. » (Léon Faucher, Études sur l'Angleterre, 1845.)

Telle est du moins l'opinion des Anglais. On nous excusera d'avoir si longue-
ment développé une idée aussi simple. A supposer que l'importance en eût pu
être méconnue chez nous, l'expérience des gares anglaises pourrait être méditée
avec quelque profit.

### II. — PLAN DE DISTRIBUTION.

Pour suivre l'ordre logique des idées, nous dirons d'abord un mot des hôtels
qui ont été annexés, depuis une dizaine d'années surtout, aux stations centrales
des grandes villes.

Nous avons déjà mentionné deux de ces hôtels : celui que la compagnie du
Midland vient d'ouvrir pour son terminus de Saint-Pancras et celui que la com-
pagnie du London-Chatam va construire pour le terminus qu'on appellera
*Holborn Viaduct Station*. Les hôtels de Cannon Street, de Charing Cross, de
Victoria Station, sont bien connus. Nous en avons trouvé d'analogues à Leeds, à
Newcastle, à Inverness même. Celui de Liverpool, le *North Western Hotel*, peut
rivaliser avec ce que New-York et San Francisco ont de plus complet, de plus
confortable et de mieux organisé.

Tous ces établissements, construits (en grande partie au moins) par les Compagnies, sont exploités pour leur compte, sous leur contrôle et dans l'intérêt
spécial du chemin de fer[1]. C'était, on le comprend, le complément naturel des
sacrifices qu'on avait faits pour amener les voyageurs au centre des villes : il
fallait supprimer tout à fait, pour les voyageurs qui ne rentrent pas à domicile,
ce déplaisant intermédiaire des omnibus ou des fiacres, avec la perte de temps
qui s'y attache. A quelque heure qu'on arrive, le facteur qui s'empare de vos
bagages les transporte immédiatement dans le vestibule de l'hôtel. Le départ
s'opère tout aussi simplement; ce n'est guère plus compliqué qu'un changement de wagon.

Le bâtiment se place en tête de la station si celle-ci est un terminus et laté-

---

[1] M. Brunel n'a pas dédaigné de présider, de 1855 à 1859, le comité de direction de l'hôtel annexé à la station de
Paddington.

ralement si c'est une station de passage. Que ce soit du reste un hôtel ou que le bâtiment serve à des bureaux, il faut qu'on y ménage, au rez-de-chaussée, trois ou quatre passages reliant librement l'extérieur avec l'intérieur de la gare, la voie publique avec le chemin de fer.

A l'extérieur, nous n'avons rien à signaler, si ce n'est un trottoir couvert et, dans les constructions les plus récentes, un porche saillant, sous lequel on descend de voiture. (Station de Saint-Pancras, Derby, Newcastle, Perth, etc.) — Sous ce rapport, du reste, la nouvelle gare d'Orléans est un modèle.

Les passages qui conduisent à la halle ont 4 ou 5 mètres de largeur. L'un est une voie charretière affectée à la sortie des fiacres. Les autres sont ce qu'on appelle les *booking offices* : c'est là qu'on trouve, à droite ou à gauche, les guichets de distribution des billets. Un des passages est consacré aux voyageurs de 1$^{re}$ et de 2$^e$ classe, un autre à ceux de 3$^e$ classe; un troisième ordinairement aux bagages. — Quelquefois (comme à Saint-Pancras, à Perth, à Newport) ces passages sont remplacés par un vestibule et les guichets distribués au pourtour d'une cloison semi-circulaire.

Mais le véritable vestibule, la salle des pas-perdus, est à l'intérieur de la halle, en tête des voies. C'est là que les facteurs amènent les bagages; c'est là qu'on vient muni de son billet. La *consigne* où des colis ont pu être déposés, des buffets ou buvettes, des cabinets d'aisances, des étalages de livres et journaux, une ou deux petites salles d'attente, sont installés tout à l'entour, c'est-à-dire dans le rez-de-chaussée du bâtiment principal, ou dans de petites constructions adossées aux heurtoirs des voies (l'accès des quais demeurant libre), ou encore latéralement à la halle.

Les voies sont disposées ainsi qu'il suit. — Pour les trains de petit parcours, les halles de Charing Cross et de Cannon Street ont une voie enclavée entre chacun des deux grands murs latéraux et un premier quai. A la station de Victoria, la voie unique est enclavée entre deux quais, et l'on voit souvent les voyageurs qui partent entrer dans les wagons d'un côté tandis que ceux qui arrivent sortent de l'autre[1]. — Pour les trains de moyen ou de long

---

[1] Ce qui se pratique ainsi à Londres ne sera pas plus difficile à organiser à New-York, suivant les prévisions de M. Roebling, quand le pont de la Rivière de l'Est sera terminé. (V. *Rapport de mission*, p. 101.)

parcours, des quais plus larges alternent avec des groupes de deux ou trois voies. Ajoutons que le quai d'arrivée des grandes lignes est longé par une chaussée pavée sur laquelle des fiacres stationnent à la file : bagages et voyageurs n'ont que le trottoir à franchir ; et les voitures qui les emportent, traversant le bâtiment de tête, sont en un instant dans la rue.

Cette rapidité d'évacuation, qui tient à diverses causes, est un fait très-frappant. Elle suppose notamment que l'on consacre à la chaussée des voitures une zone longitudinale de la halle. Pour que les voitures n'aient pas du moins à tourner à l'intérieur, pour qu'elles n'y circulent que dans un seul sens, voici le parti qu'on a pris aux stations de Charing Cross et de Cannon Street, qui sont en remblai : le dépôt des voitures de place est sous le chemin de fer, au niveau des quais de la Tamise, et elles pénètrent dans la halle par une rampe parallèle à l'axe des voies.

Ainsi, dans les gares de tête, le type définitivement et universellement admis aujourd'hui en Angleterre concentre tout le service du départ à l'extrémité de la halle, au lieu de le disséminer latéralement. Comme les voyageurs et les bagages se répandent à loisir sur les différents quais de départ à mesure qu'ils arrivent, le petit allongement de parcours qui résulte de la disposition du plan n'a pas d'inconvénient. D'ailleurs, comme on peut affecter différents quais aux trains qui se forment en même temps, tous ceux-ci sont également accessibles ; on n'en forme pas plusieurs sur la même voie ; on n'oblige pas les voyageurs de l'express à aller chercher au loin le train qui doit partir le premier, l'avantage essentiel des salles d'attente latérales se trouvant ainsi perdu pour eux. — Ce plan des grandes gares, qui, à la vérité, se lie à un mode d'exploitation un peu différent du nôtre, est peut-être plus rationnel que celui qui a en dernier lieu prévalu en France.

Dans les grandes stations de passage (Newcastle, Perth), dans celles surtout où le changement de compagnie entraîne des changements de trains, le public accède latéralement à la halle et trouve au milieu, dans un spacieux intervalle ménagé entre les heurtoirs de voies en cul-de-sac, l'emplacement où tout le monde est libre d'accéder.

## § 5. — DU MATÉRIEL ROULANT.

### I. — VOITURES A VOYAGEURS.

*Voitures de 1re classe.*    Un trait assez saillant distingue à première vue les voitures anglaises des nôtres : elles sont plus hautes de 15 à 20 centimètres en moyenne. Cette différence vaut peut-être la peine d'être examinée avec quelque précision.

Tout le monde sait qu'au début des chemins de fer, c'était en Angleterre un usage général que de charger les bagages sur le haut des voitures, des voitures mêmes où leurs propriétaires montaient. Chacun reconnaissait aisément les siens à l'arrivée, sur le trottoir où l'on n'avait qu'à les descendre. — Cet usage n'a pas entièrement disparu. Nous avons vu charger encore des bagages pour la ligne du Great Northern à la station de King's Cross ; on les recouvrait d'une bâche dont les courroies étaient fixées dans des anneaux.

Cependant ce système présente deux inconvénients. D'une part, il diminue la stabilité du véhicule, inconvénient d'autant mieux compris en Angleterre qu'au temps même des diligences les bagages se plaçaient sous la caisse et non par-dessus. D'autre part, l'espace ainsi réservé pour les bagages extérieurs limitait d'autant la hauteur intérieure des voitures, c'est-à-dire le volume d'air respirable et la place disponible pour les bagages portatifs. Il y a, nous a-t-on dit, une dizaine d'années environ que, rejetant les bagages soit dans des fourgons, soit plutôt (et plus récemment) dans un compartiment spécial de chaque voiture, on a augmenté de $0^m,20$ et plus la hauteur intérieure.

Les voitures de 1re classe que nous avons vues en construction à Ashford, dans les ateliers du South Eastern, ont $1^m,95$ de hauteur contre les fenêtres et $2^m,13$ dans le milieu, le cintre étant ainsi de $0^m,18$. Nous avons retrouvé la même hauteur dans des wagons neufs sur les lignes principales du Great Western, du London and North Western, du Highland. Mais en général il y a quelques centimètres de moins.

Sans rien prescrire relativement à cette hauteur intérieure, le *Board of Trade* a officiellement recommandé aux compagnies de ne plus charger de bagages sur le haut des voitures. D'autre part, la loi qui a prescrit de faire circuler chaque jour un train à petite vitesse et à prix réduit, spécialement destiné aux ouvriers, cette loi exige qu'il y ait au moins 20 pieds cubes ($0^{mc}$,56) d'espace par voyageur.

La même loi exige 60 pouces carrés ($3^{d.m.q.}$,75) de surface vitrée par voyageur, des siéges à dossier, de $0^m$,38 de profondeur et $0^m$,46 de largeur moyenne, des moyens de ventilation convenables, et deux lampes au moins par voiture. Mais laissons ces minima légaux et les « *Parliamentary trains* », et revenons aux voitures de 1<sup>re</sup> classe ordinaires.

Grâce au surhaussement intérieur des voitures, on tire tout le parti possible du filet. D'abord, au lieu d'être à peu près horizontal comme chez nous, ce support plus saillant est incliné à 45°, de manière à rejeter en arrière le poids des valises ou autres objets qu'on y pose. Puis il offre une hauteur utilisable de $0^m$,30 au moins aux extrémités et $0^m$,50 au moins dans le milieu. Ajoutons que certaines voitures neuves présentent en outre des courroies ou mieux de simples cordons permettant de suspendre au plafond 3 ou même 6 chapeaux.

Le dessous des banquettes est aussi mieux utilisé que dans les wagons français, ce qui tient à ce que la hauteur disponible pour y loger de moyens colis, au lieu de varier de $0^m$,20 à $0^m$,30, n'est presque jamais inférieure à $0^m$,30. — On entend souvent dire que les Anglais voyagent sans bagages. Cela ne pourrait, en tous cas, s'appliquer qu'aux bagages encombrants. Les compagnies ont le bon esprit de donner toutes les facilités possibles pour qu'on pourvoie soi-même au déplacement des bagages de dimensions restreintes; mais nous n'avons jamais vu les Anglais s'imposer chez eux, pas plus qu'ailleurs, des privations que la nature des choses n'exige pas.

Un autre petit détail des wagons anglais, c'est qu'au lieu de masquer simplement le vide inférieur aux banquettes par un drap pendant, dont les plis sont plus ou moins agréablement disposés, on garnit le bord du siége de façon à amortir les chocs inévitables qui se produisent dans les collisions de trains et d'où résulte qu'il y a, relativement, tant de jambes cassées. On emploie ordinairement à cet effet un petit coussin pendant de $0^m$,10 de hauteur. Mais on y a substitué, dans le dernier type du South Eastern, sur le Metropolitan de Londres, sur la ligne de Shrewsbury à Hereford (Great Western) et probablement ailleurs, un boudin élastique en maroquin de $0^m,04$ de diamètre qui doit plus efficacement remplir le rôle de matelas.

Sauf quelques exceptions, les banquettes des voitures de $1^{re}$ classe ne sont que pour trois places, trois places invariablement séparées par des accoudoirs surmontés de supports latéraux pour la tête. Il résulte de cette disposition que, lors même qu'on n'est pas au complet, on ne peut guère profiter des places vacantes. Les voitures neuves du South Eastern ont, de chaque côté, quatre places et quatre coussins mobiles sans aucune séparation : ce sont des lits tout faits pour deux voyageurs. Le Great Western isole tantôt deux places sur quatre, tantôt une sur trois.

Le drap gros bleu est à peu près le seul qu'on emploie. Il perd pourtant assez vite sa fraîcheur originelle ; et nous avons vu, sur certaines lignes secondaires, des voitures dont la malpropreté serait intolérable pour un public français.

*Voitures mixtes.*    Après la hauteur des voitures, nous avons remarqué la longueur de celles qu'on a le plus récemment construites. Ce ne sont pas encore les voitures de 15 à 20 mètres des États-Unis ; mais elles ont jusqu'à 10 mètres, c'est-à-dire moitié en sus des nôtres. A quoi cela tient-il ?

Si nous ne nous trompons, le type moderne de la voiture anglaise, c'est la voiture *mixte.*

Nous disions tout à l'heure qu'on renonce à charger les bagages sur le haut des voitures. Pour conserver l'avantage de les avoir tout près du voyageur, il n'y a qu'à leur affecter un compartiment spécial. Ce compartiment s'ouvre par une porte à deux battants. Les bagages se chargent et se déchargent ainsi plus facilement, malgré le secours que l'ancien système empruntait à un large et haut marchepied roulant. Puis, dans les déchargements partiels qui s'effectuent en route, on peut plus aisément indiquer aux facteurs, du bout de son parapluie, les colis qu'ils doivent extraire. Tout est donc pour le mieux sous ce rapport.

D'autre part, la $1^{re}$ classe ne va jamais sans la $2^e$ en Angleterre, et depuis quelque temps la $3^e$ s'y joint presque toujours. Ajoutons qu'il y a beaucoup d'embranchements dont le trafic en voyageurs est peu considérable, et que le public anglais attache un grand prix à éviter les transbordements.

Cet ensemble de données conduit naturellement à faire des wagons mixtes et à multiplier le nombre des compartiments.

Les wagons de 1re classe du South Eastern présentent 4 compartiments dont la *longueur* dans œuvre est de 2 mètres. La caisse peut donc contenir 32 voyageurs. Elle a 8m,23 de longueur totale hors œuvre, non compris les saillies des tampons. Elle est portée par 4 roues. La distance des deux essieux est de 4m,88.

On emploie beaucoup sur le Caledonian un type à 5 compartiments, dans lequel la longueur se répartit ainsi qu'il suit :

$$
\begin{array}{ll}
\text{Deux compartiments de 1re classe : } 2^m,19 \times 2 = & 4^m,38 \\
\text{Un compartiment de 2e classe.} & 1^m,78\ [1] \\
\text{Un compartiment de 3e classe.} & 1^m,78 \\
\text{Un compartiment pour les bagages.} & 1^m,12 \\
\text{Épaisseur des cloisons.} & 0^m,24 \\
\hline
\text{Longueur totale de la caisse.} & 9^m,30
\end{array}
$$

Ces wagons sont supportés par six roues. Les essieux extrêmes sont espacés de 5m,49.

Nous avons vu à Glascow, dans les ateliers de la même compagnie, un type un peu différent, dans lequel la longueur se répartissait ainsi qu'il suit :

$$
\begin{array}{ll}
\text{Au milieu, un compartiment pour les bagages.} & 1^m,45 \\
\text{A chaque extrémité, un compartiment de 2e classe, } 1^m,80 \times 2 = & 3^m,60 \\
\text{Dans les espaces intermédiaires, deux compartiments de 1re classe, } 2^m,06 \times 2 = & 4^m,12 \\
\hline
\text{Total pour la caisse.} & 9^m,17
\end{array}
$$

L'intervalle des essieux extrêmes était de 5m,65.

La compagnie du *Manchester, Sheffield and Lincolnshire*, — qui exploite surtout des lignes de peu d'étendue, avec des trains courts et de petites locomotives, emploie beaucoup de voitures mixtes. Elle en a de 1re et 2e classe, 1re et 3e, 1re, 2e et 3e.

[1] Sur le chemin de fer de Sceaux, les compartiments de 2e classe ont 1m,50.

Nous avons vu à Londres, dans la gare du London-Brighton, un véhicule du même genre désigné comme voiture de famille. Deux compartiments de 1<sup>re</sup> classe étaient au milieu, entre deux autres affectés l'un aux domestiques, l'autre aux bagages.

On remarquera qu'avec ces voitures mixtes, la 2<sup>e</sup> classe et même la 3<sup>e</sup> participent au triple bénéfice de la hauteur, des proportions données aux ouvertures vitrées, et de la satisfaction qu'on éprouve à monter dans un wagon de bonne mine.

*Voitures à lits.* La compagnie du Midland vient de recevoir des voitures à lits qu'elle a fait construire en Amérique par M. Pullman sur le modèle des *Sleeping-cars*. Les compagnies voisines (le Great Northern, le London and North Western) n'attendent que le résultat de l'essai qui va se faire pour entrer dans la même voie.

On pense généralement que ces voitures trouveront un utile emploi sur les quatre grandes lignes de Londres à Édimbourg (635 kil.), Glascow (644), Holyhead (423), Plymouth (392), et qu'on voyagera la nuit davantage quand on pourra le faire confortablement. Mais les parcours en Angleterre sont généralement trop courts pour que les voitures à lits puissent s'y multiplier beaucoup.

*Fermeture des portières.* Nous avons remarqué sur le Highland une disposition imaginée pour empêcher les portières de wagons de s'ouvrir toutes seules. Le pène de la serrure unique est commandé par un ressort dont il faut l'affranchir pour qu'il puisse se mouvoir. Le ressort est, à cet effet, fixé à un manchon qui enveloppe la tige ; deux oreilles permettent de saisir le manchon et de le tirer vers la traverse formant poignée, en même temps qu'on imprime à celle-ci un mouvement de rotation.

### II. — FOURGONS ET LOCOMOTIVES.

*Fourgons à bagages. Locomotives.* Les fourgons à bagages sont depuis longtemps pourvus d'une saillie supérieure vitrée qui, le plus souvent, règne dans toute la largeur du véhicule, au lieu de se réduire (comme chez nous) à un pavillon à peu près carré, dans lequel le garde-freins se tient assis. Mais, en outre, les fourgons anglais présentent maintenant (sur 1 mètre environ de longueur) deux avant-corps latéraux, de 20 à 25 centimètres de saillie, dont l'avant et l'arrière sont vitrés, de façon qu'on peut voir, de là, tout ce qui se passe le long des deux parois verticales du train. Ces avant-corps rendent la surveillance plus sûre et plus facile. Nous les regardons comme une addition heureuse; et ce qui nous étonne, c'est qu'on n'y ait pas songé plus tôt, car tout le monde sait combien, du poste d'observation des gardes-freins, le champ d'exploration est incomplet.

Ces saillies vitrées sont non pas imposées, mais recommandées par le Board of Trade aux compagnies.

Le Board of Trade recommande aussi de n'atteler aux trains de voyageurs que des locomotives ayant six roues au moins, avec une grande base entre les essieux extrêmes, et le centre de gravité en avant des roues motrices. On ne doit pas marcher tender en avant.

Les lignes de banlieue et un grand nombre d'embranchements n'offrant que de petits parcours, on emploie beaucoup de machines-tenders. Entre autres dispositions appliquées pour faciliter la circulation dans les courbes, nous avons retrouvé sans surprise le *bogie* ou avant-train articulé des wagons américains. Mais l'emploi de cet engin, qui inspire encore tant d'appréhensions en Europe, ne s'arrêtera probablement pas là. On construit à Bristol, pour le Great Eastern, des machines qui en sont pourvues. On emploie couramment ces machines pour les trains de voyageurs sur la ligne de Bristol à Exeter et dans le comté de Cornouailles.

Nous avons vu plusieurs machines *Fairlie* en construction dans les ateliers de l'*Avonside Engine Company*. Le président de la compagnie, M. Ed. Slaughter, est convaincu que dans des conditions de pentes et de courbes où les locomotives ordinaires sont inapplicables, avec des pentes de 40 millimètres et des courbes de 50 mètres de rayon, la machine Fairlie résout le problème d'une manière très-satisfaisante et mieux qu'aucune des machines proposées pour ces cas d'exception. Nous avons vu à Londres d'autres ingénieurs approuvant le système de deux bogies indépendants et d'une chaudière à deux foyers distincts. Cependant telle ne paraît pas être l'opinion dominante en Angleterre.

Ce sont des locomotives à bogie qui remorquent les trains du London and North Western sur la ligne de banlieue comprise entre Broad Street et Mansion House. — Un autre type, très-employé à Londres, présente en avant deux paires de roues couplées et en arrière un troisième essieu qui, susceptible de décrire un petit arc de cercle horizontal, ne reste pas invariablement parallèle aux deux autres.

En Angleterre comme en France, l'abri des mécaniciens tend à se compléter. Il n'y a plus une locomotive qui n'ait au moins un écran (*Weather Plate*). Beaucoup ont une toiture; ce sont des *awnings,* qui parfois se ferment latéralement et se transforment en *cabs.*

### III. — COMMUNICATION ENTRE LES VOYAGEURS ET LES AGENTS DES TRAINS.

L'utilité d'une communication à établir entre les agents d'un train et les voyageurs est depuis longtemps reconnue en Angleterre[1]. Un acte du Parlement en date du 31 juillet 1868 contenait à cet égard une disposition ainsi conçue :

« A dater du 1ᵉʳ avril 1869, tout train transportant des voyageurs et parcou-
« rant plus de 20 milles sans arrêt devra être pourvu d'engins qui permettent
« aux voyageurs de communiquer avec les agents du train; ces engins devront
« être approuvés par le Board of Trade. Toute compagnie qui ne se soumettrait
« pas à cette prescription serait punie, pour chaque contravention, d'une amende
« pouvant atteindre 10 livres. Tout voyageur qui ferait usage du moyen de com-
« munication sans un motif raisonnable et suffisant, serait puni d'une amende
« pouvant atteindre 5 livres. »

Un grand nombre de solutions mécaniques ont été proposées; la compagnie du Great Western en a, dit-on, essayé ou au moins étudié 164, sans qu'aucune lui parût convenable.

---

[1] On sait que cette communication a été imposée, en principe, aux compagnies françaises par l'article 23 de l'Ordonnance royale du 15 novembre 1846.

Une corde supportée par des anneaux et passant sur l'un des côtés du train pour aller aboutir à des sonnettes placées dans les fourgons à bagages, tel est à peu près le seul moyen que les compagnies anglaises aient employé jusqu'ici. Le Board of Trade s'en est contenté. Cependant l'expérience a prouvé que cette corde ne fonctionne pas toujours. Le Board of Trade a retiré l'approbation qu'il avait donnée, et les compagnies ont été officieusement invitées à chercher une solution plus satisfaisante.

Or l'une de ces compagnies, celle du South Eastern, est depuis longtemps déjà en possession d'un système ingénieux, pratique, fonctionnant très-bien. Elle l'avait expérimenté pour la première fois le 26 février 1866 entre Londres (Charing Cross) et Chislehurst. Deux trains journaliers en furent pourvus cette année-là même; il y en eut 4 et même 6 en 1867, 8 en 1868; il y en a 24 depuis le 1ᵉʳ août 1869.

Ce système n'est autre que la communication électrique de M. Prudhomme, qui fonctionna dès 1862, au moins pour les communications entre les agents du train, sur les trains express de Paris à Calais. On peut voir dans les *Annales des ponts et chaussées* (1862, 2ᵉ semestre, p. 165) le rapport rédigé à cette occasion, le 30 décembre 1861, sur la demande du ministre des Travaux publics, par M. Eug. de Fourcy, alors ingénieur en chef des mines, chargé du service de contrôle de la compagnie du Nord[1]. Ce rapport comprend une description précise et complète, théorique et pratique, du système. Ce système, d'ailleurs, fonctionne sur le chemin de fer du Nord pour tous les trains de voyageurs de la grande ligne : depuis les voitures jusqu'aux wagons-écuries, il n'y a pas un seul véhicule qui ne soit pourvu du fil électrique qui passe sous les caisses et des engins de réunion d'un véhicule à l'autre; il n'y a pas un fourgon à frein qui ne soit disposé pour recevoir la boîte contenant la pile et la sonnerie électrique; enfin, il n'y a pas un wagon de 1ʳᵉ classe qui ne soit pourvu du moyen d'appel à l'usage des voyageurs. Nous n'avons remarqué que des différences de détail dans les applications faites par la compagnie du South Eastern en Angleterre et par la

---

[1] M. de Fourcy a lu en 1865, à la *Commission des Inventions et Règlements concernant les Chemins de fer*, deux autres rapports rendant compte de la continuation des essais et des applications faites dès lors sur une grande échelle par la compagnie du Nord.

compagnie du Nord en France. Nous mentionnerons seulement ce fait qu'en France l'anneau, que l'on doit tirer de haut en bas, est logé dans la cloison sépa-rative de deux compartiments et enfermé entre deux glaces dont l'une doit être brisée avant qu'on puisse atteindre l'anneau, tandis qu'en Angleterre le bouton d'alarme, qu'on doit tirer horizontalement, est logé dans la paroi extérieure et à la main des voyageurs.

Mais s'il n'y a rien à apprendre ici au point de vue technique, on peut con-sulter avec intérêt les résultats constatés de l'usage que le public a fait de l'appel mis à sa disposition. Nous empruntons ces renseignements à un rapport dressé le 24 février 1872 pour le Board of Trade par M. Charles V. Walker, ingénieur du service télégraphique de la compagnie du South Eastern.

Durant la période de quatre ans et neuf mois comprise entre le 5 avril 1867 et le 31 décembre 1871, les voyageurs ont fait jouer 68 fois le bouton d'alarme, soit un peu plus d'une fois par mois en moyenne. 41 de ces appels ont eu lieu « sans motif raisonnable et suffisant. » Les autres furent pour la plupart motivés par des circonstances sérieuses, tels que des essieux qui chauffent, un sac de lettres tombé sous les roues, et surtout des wagons qui déraillent. L'alarme ayant été donnée de plusieurs compartiments, les gardes et le mécanicien, avertis, arrêtèrent le train avant qu'il se fût produit aucun mal. La communication électrique ne paraît pas souffrir de ces appels simultanés. — La règle et l'usage sont d'arrêter le train et de s'enquérir de la cause. Si les sonneries ont été mises en mouvement sans motif suffisant, on prend l'adresse du prévenu et on l'invite par écrit à fournir ses observations. Il est plus d'une fois arrivé que celui-ci fût un étranger, en route pour le Continent, et bientôt hors d'atteinte. Mais dans les autres cas, lorsque les excuses alléguées pour avoir ainsi retardé tout un train de voyageurs ont été jugées inadmissibles, on a procédé à des poursuites.

Une fois, l'excuse présentée fut que le voyageur avait accroché par mégarde le bouton avec son chapeau, ou sa canne, ou son parapluie. L'impossibilité du fait ayant été démontrée aux yeux des magistrats par une expérience faite sur un modèle d'appareil, le prévenu fut condamné à une amende de 2 livres et aux frais.

Une autre fois, le domestique d'un officier laissa tomber son chapeau et, sans réfléchir aux conséquences, donna le signal d'alarme. Il reconnut et regretta sa faute : les magistrats le condamnèrent, pour le principe, à une amende d'un schelling et aux frais.

Le 12 février 1872, un train arrivait dans la station de Tunbridge, où il devait d'ailleurs s'arrêter, quand un voyageur qui expliquait (dit-il) à ses compagnons de route l'usage et les avantages de la communication électrique, maniant inconsidérément le bouton, fit jouer la sonnerie. Quoique ce fait n'eût pu se produire que par un assez vigoureux effort de traction, l'excuse fut admise et le prévenu renvoyé des fins de la plainte.

Nous relèverons encore les cas indiqués ci-après :

> 37 cas de *curiosité* pure et simple,
> 2 chapeaux perdus,
> 1 déraillement,
> 4 sacs de dépêches pris ou laissés par erreur,
> 1 sac de dépêches tombé sous la roue,
> 1 homme ivre,
> Le bouton pris { tantôt pour un crochet à chapeau,
> { tantôt pour un ventilateur,
> 4 essieux chauffant,
> 1 rupture d'attelage,
> 3 voyageurs malades.

Il y a eu d'ailleurs, à ce qu'on assure, un grand nombre de signaux échangés utilement entre les agents pour des objets autres que l'arrêt du train. Par exemple, le garde du fourgon de tête, voyant un signal à l'arrêt, en informe immédiatement les autres gardes, et tous les freins peuvent jouer à la fois. — Ces communications de service ont tout au moins l'avantage de maintenir les appareils en bon état.

Pour les trains dont il a été question ci-dessus, on a approprié, savoir :

> Machines. . . . . . . . . . . . . . . . . . . . . .    56
> Fourgons. . . . . . . . . . . . . . . . . . . . . .   123
> Voitures à voyageurs. . . . . . . . . . . . . . .   398
> Autres véhicules. . . . . . . . . . . . . . . . .    39
> Total. . . . . . . . . .   616

La dépense moyenne par véhicule a été de 89$^f$,80.

La dépense annuelle d'entretien est évaluée en moyenne à 11 francs par véhicule.

Il est d'usage, avons-nous dit, d'arrêter le train dès que la sonnerie d'alarme se fait entendre. On ne voit guère, en effet, quel autre parti on pourrait prendre avec des trains le long desquels la circulation n'est que peu ou pas praticable. Cependant il faut convenir qu'on s'expose ainsi à créer souvent un danger réel pour obvier à un danger imaginaire. Sous cette réserve, le système est très-satisfaisant. Mais ne vaudrait-il pas mieux encore s'il était plus simple? C'est dans cette pensée, croyons-nous, que les autres compagnies anglaises, — au lieu de s'en tenir à une solution dont l'efficacité n'est pas contestée, — persistent à rechercher quelque autre moyen de satisfaire à l'injonction qui leur a été adressée.

IV. — FREINS.

La question des freins est beaucoup plus importante que celle de la communication à établir entre les différentes parties des trains. Les chemins de fer anglais ont, à la vérité, peu de fortes pentes ; mais les trains sont si nombreux, ainsi que les croisements à niveau, que les freins ont un rôle de plus en plus sérieux à jouer dans l'exploitation. Aussi n'avons-nous pas été surpris de voir plusieurs systèmes nouveaux en cours d'expérimentation.

*Frein à air comprimé de M. G. Westinghouse.* — Nous avons signalé, en revenant d'Amérique, le frein à air comprimé qui venait d'y faire son apparition, et nous en avons donné une description détaillée dans les *Annales des ponts et chaussées* (janvier 1873). Ce frein, ainsi que nous l'avons annoncé, a été introduit l'an dernier en Angleterre.

*Midland.* — 1° La compagnie du Midland a adapté les appareils de M. Westinghouse à deux trains qui, depuis le 18 mars dernier, circulent journellement, l'un entre Londres et Bedford, l'autre entre Leeds et Bradford. Les résultats ont été constamment satisfaisants.

Des observations précises ont été faites le 21 mai sur un train composé de

7 voitures et de 2 fourgons à bagages. Dans deux expériences, les freins ordinaires fonctionnant seuls, l'arrêt eut lieu en 60 secondes, tandis que dans six autres expériences, faites avec le frein à air comprimé, le temps varia de 23 à 31 secondes. Vues de la voie, tandis que le train passait avec une vitesse d'environ 72 kilomètres à l'heure, toutes les roues paraissaient tourner encore lentement, aucune d'elles n'étant calée.

Dans une expérience faite le 18 mars, on avait remarqué que la première paire de roues du fourgon de tête était calée, tandis que toutes les autres roues du train continuaient de tourner malgré l'application du frein. Sept expériences avaient eu lieu ce jour-là; dans toutes, la pression de l'air, qui était originellement de $4^{atm},76$, se réduisait généralement à 1 atmosphère à l'arrêt du train. — Nous relevons ces deux petits faits (dans un procès-verbal que la Compagnie a bien voulu nous communiquer) parce qu'ils peuvent faire craindre que l'air comprimé ne conserve pas toujours, jusqu'à l'arrière du train, la pression nécessaire pour opérer l'effort mécanique qu'on en attend. Du reste, c'est là un écueil dont l'inventeur s'est préoccupé et dont il aurait triomphé pleinement d'après les renseignements nouveaux qui nous arrivent d'Amérique.

2° On avait prétendu que ce frein ne pourrait s'appliquer avec avantage à des trains de banlieue, desservant des stations très-rapprochées, et cela pour deux raisons : parce qu'on n'aurait pas le temps de remplir le réservoir d'air dans l'intervalle de deux stations, et parce qu'on n'aurait pas de vapeur en excès à employer à ce travail, la durée des stationnements étant trop courte. Il n'en est pas moins vrai que le frein à air comprimé fonctionne sur le *Metropolitan District*, que six nouvelles locomotives viennent d'en être pourvues (nous l'avons lu sur les registres de la Compagnie) et que l'usage tend à s'en généraliser sur cette ligne. — Ce que nous pouvons surtout affirmer, après avoir plusieurs fois voyagé sur les machines, c'est que la manœuvre du frein est d'une extrême simplicité et que la rapidité de l'arrêt est étonnante, eu égard à l'absence de toute espèce de secousse. On atteint en pleine vitesse la limite antérieure assignée au stationnement du train; l'arrêt se produit donc sur un espace de 120 mètres environ.

Les diverses pièces du mécanisme arrivent toutes montées de Pittsburg.

3° La compagnie du London and North Western a essayé le frein à air com-

Metropolitan District.

primé et a obtenu des résultats satisfaisants. Cependant elle s'en est tenue jusqu'ici à d'autres engins que nous mentionnerons ci-après.

4° La compagnie du *London and South Eastern* s'apprête à faire des essais.



Le frein de M. Chapin a été expérimenté déjà en Amérique, et avec succès
d'après les certificats qui ont été mis sous nos yeux. Il a la plus grande analogie
avec celui que M. Achard fit fonctionner le 14 novembre 1865, entre Paris et Noisy-
le-Sec, en présence de la *Commission des Inventions et Règlements*. Il ne paraît en
différer que par la position assignée à l'électro-aimant qui, sous l'influence d'un
courant électrique, provoque un embrayage et met une paire de roues en état
d'agir sur les leviers de manœuvre des sabots. C'est dans le fourgon de tête qu'est
placé le commutateur qui sert à faire naître le courant électrique. On peut
d'ailleurs, au moyen d'une corde, mettre la manette à la disposition du mécanicien.

Ce frein est installé depuis le mois de novembre 1872 sur un train qui parcourt
25 fois par jour le *North London*, sur les 12 kilomètres compris entre les terminus
de Broad Street et de Blackwall. Le train s'arrête aux neuf stations intermédiaires.
Sur 10 et quelquefois 12 voitures dont il se compose, il y en a cinq qui sont
munies de l'appareil. La ligne présente des pentes qui atteignent $\frac{1}{60}$ et des courbes
très-roides.

Nous avons fait le trajet dans le fourgon d'où venait l'impulsion de la manœuvre.
Il est superflu de dire que le commutateur se manie très-simplement; mais nous
ajouterons que les arrêts ont lieu sans secousses.

Plusieurs ingénieurs compétents nous ont vanté la régularité et l'économie du
système. La dépense d'établissement est de 500 francs par voiture à frein, y
compris le droit de brevet et aussi la communication qui doit exister sous les voitures non pourvues du frein.

Nous rappellerons en terminant que l'examen, fait en 1865, du frein Achard
avait conduit à regretter qu'il ne permît pas de modérer et de graduer le serrage
des roues.



Dans le frein hydraulique, l'eau paraît jouer un rôle analogue à celui que joue
l'air comprimé dans le frein de M. Westinghouse. Un *accumulateur*, disposé à cet
effet à l'avant du fourgon de queue, est alimenté par une pompe que les roues

d'arrière font mouvoir. Sous chacun des autres véhicules est un petit cylindre dans lequel se meut le piston dont le mouvement se transmet aux tiges des sabots. L'eau vient de la chaudière et s'y trouve renvoyée par le desserrement des freins.

Ce système fonctionne, dit-on, d'une manière satisfaisante sur un train du Great Eastern et, concurremment avec plusieurs autres, sur les trains de banlieue que la compagnie du London and North Western fait circuler entre *Broad Street et Mansion House* (circuit enveloppant à l'ouest toute la ville et venant rejoindre le Metropolitan District à la station de *South Kensington*).

Nous avons entendu dire que le frein à chaîne de M. Clarke était sujet à se déranger et d'un entretien coûteux. Ce frein cependant, légèrement modifié, est celui qu'on emploie généralement sur le London and North Western. On l'emploie également sur le North London et sur le Metropolitan. Les trains de cette dernière ligne se composent ordinairement de 5 ou 6 voitures, dont 2 sont pourvues du frein.

L'appareil permettant d'employer sans danger la contre-vapeur à arrêter les trains a été adapté par la compagnie du Midland à environ 70 machines à voyageurs (sur 250) ; mais on ne s'en sert qu'en cas de danger. Habituellement on n'emploie que les freins à vis ordinaires. Il paraît que dans plusieurs stations, où il faut renouveler la provision d'eau, on ne trouve que de l'eau salissant fortement les cylindres.

La compagnie du London-Brighton a également installé le système de la contre-vapeur. Mais on n'a pu décider les mécaniciens à s'en servir. — Cette compagnie, du reste, n'emploie aucun des nouveaux freins.

### CONCLUSIONS RELATIVES AU MATÉRIEL ROULANT.

L'usage de charger les bagages au-dessus des voitures ayant à peu près complétement disparu en Angleterre, il n'y avait plus de raison pour maintenir les voitures aussi basses. On les a donc exhaussées, en portant la hauteur intérieure à 2 mètres environ et réalisant ainsi un double avantage : accroissement de confort pour les voyageurs, agrandissement notable de l'espace disponible pour les colis posés sur le filet.

Il serait, suivant nous, désirable que cette double amélioration fût progressivement introduite dans les wagons français ; — que l'on complétât la seconde en veillant à ce que, sur toutes les lignes, il y eût 0$^m$,30 de hauteur libre sous les banquettes ; — enfin que l'on garnît, comme en Angleterre, le bord inférieur de ces banquettes de manière à amortir les chocs qui se produisent dans les collisions de trains.

4° Voitures mixtes. — Le type moderne des voitures mixtes à 6 roues, comprenant 5 larges compartiments au lieu de 3, nous paraît devoir être imité ; il permet souvent de réduire le nombre des places inoccupées et conséquemment le poids mort ; il facilite l'admission des trois classes dans les trains express ; il facilite la suppression des transbordements à la jonction de la ligne principale et des embranchements.

5° Fourgons à saillies latérales vitrées. — Les saillies latérales vitrées, dont les fourgons sont maintenant pourvus, facilitent beaucoup la surveillance extérieure confiée aux gardes-freins. C'est là, suivant nous, une innovation à imiter.

6° Locomotives à bogie. — L'emploi très-répandu aujourd'hui du bogie américain, dans les machines-tenders qui font en Angleterre le service de la traction sur beaucoup de lignes à courbes roides, nous paraît être un fait digne d'attention.

7° Communication électrique entre les voyageurs et les agents des trains. — Les résultats qu'a donnés depuis quatre ans la communication électrique établie sur les trains du London and South Eastern, — résultats conformes à ceux qui se constatent journellement ici sur le chemin de fer du Nord, — semblent démontrer qu'on est en possession d'une solution complète du problème. Toutefois l'idée domine encore en Angleterre qu'on pourra trouver quelque autre solution plus simple, par cela même préférable et mieux en harmonie avec l'importance réelle du but à atteindre.

8° Freins. — L'usage permanent du frein à air comprimé sur la plupart des trains de la compagnie du Metropolitan District et sur deux trains du Midland, les essais faits ou qu'on s'apprête à faire sur d'autres lignes, nous paraissent confirmer le succès que ce système a obtenu depuis 1870 en Amérique, où il est plus employé qu'aucun autre. On sait que les roues de *tous* les wagons sont saisies à la fois. La promptitude de l'arrêt et l'absence de toutes secousses perceptibles sont véritablement surprenantes[1].

Le frein électrique de M. Chapin, qui fonctionne sur la ligne du North London, se recommande par des résultats dont on s'applaudit beaucoup. Toutefois une expérimentation isolée n'a pu lui donner encore la consécration acquise au frein à air comprimé.

Ces solutions mécaniques très-perfectionnées nous paraissent intéressantes et utiles à suivre dans leurs progrès successifs. Nous comprenons que, dans les circonstances ordinaires de l'exploitation des voies ferrées, les freins à vis suffisant, on n'en emploie pas d'autres ; nous comprenons encore qu'on hésite, en vue de besoins purement accidentels, à introduire dans le service des trains une complication nouvelle et permanente. Mais l'exploitation a des exigences croissantes. Celle du chemin de fer Métropolitain, à Londres, serait impossible si l'on n'y employait que les freins ordinaires. Le jour où l'on voudra multiplier beaucoup et accélérer les trains sur le chemin de fer de Ceinture de Paris, il faudra recourir à l'un de ces procédés qui permettent d'arriver en pleine vitesse jusqu'à l'entrée de chaque station et d'arrêter les trains sans secousses dans un espace de 120 mètres environ. C'est à ce point de vue spécialement que l'étude des procédés indiqués ci-dessus nous paraît recommandable.

§ 6. — UN MOT DE MÉTALLURGIE : SCIE SANS FIN DÉCOUPANT A FROID
LE FER ET L'ACIER.

Visitant à Newcastle les ateliers de sir William Armstrong, nous vîmes par hasard une scie sans fin qui découpait à froid d'épaisses plaques de fer et même

[1] Sur plusieurs lignes américaines, on a récemment substitué comme moteur, à l'air comprimé, le *vide* brusquement opéré. On conserve d'ailleurs les ingénieux mécanismes de M. Westinghouse. Le président d'une des grandes compagnies nous a parlé, à Paris, d'expériences comparatives qu'il a fait faire et auxquelles il a assisté. Les résultats ont paru à peu près équivalents. Le frein par le vide (*the vacuum brake*) fonctionne régulièrement, depuis le commencement de l'année courante, sur la ligne de Philadelphie à Baltimore. On l'emploie, concurremment avec l'autre, sur diverses lignes du Massachusetts.

d'acier, comme elle eût découpé du bois pour des ornements de chalets. Nous avions vu souvent couper du fer à chaud, les rails par exemple ; nous savions qu'en Amérique des scies circulaires et sans dents, animées d'une vitesse vertigineuse, coupent le fer à froid, mais toujours suivant des sections planes ; pour *découper* des plaques suivant des contours curvilignes, nous ne connaissions pas d'autre moyen que de percer à la poinçonneuse une série continue de trous circulaires et d'abattre ensuite, avec la machine à mortaiser, les pointes du contour festonné qu'on a obtenu d'abord. Quand nous vîmes ce petit ruban pénétrer, avancer à vue d'œil dans du fer de 6 à 8 centimètres d'épaisseur, s'y mouvoir avec aisance suivant des courbes de 10 et même 5 centimètres de rayon, ce fut pour nous l'objet d'une grande surprise.

La machine de Newcastle avait été fabriquée à Leeds ; mais nous la revîmes à Londres, chez MM. Powis, James, Western et C^ie, Victoria Works, Belvidere Road, Lambeth. Le ruban avait 20 millimètres de largeur, y compris les dents, et 1 ¼ millimètre d'épaisseur. Les deux poulies sur lesquelles il s'enroulait d'un demi-tour sans glisser, et dont l'une était calée sur l'arbre moteur, avaient près d'un mètre de diamètre ; elles marchaient lentement, faisant moins d'un tour par seconde. Le développement total de la scie était de 5 à 6 mètres.

Cette machine, nous dit-on, est d'origine française ; et aujourd'hui encore on est obligé de faire venir de France les lames qui découpent l'acier : on a vainement tenté d'en fabriquer en Angleterre. C'est à l'Exposition universelle de 1855 que la scie sans fin a fait son apparition ; mais elle ne servait et n'a continué à servir en France qu'à découper le bois, tandis que les Anglais l'ont appliquée au découpage du métal. C'est ainsi qu'ils découpent des plaques pour les locomotives, les ponts, les navires, les affûts de canons. En superposant plusieurs plaques, on obtient des formes absolument identiques. La machine fonctionne dans plusieurs arsenaux de la marine royale. On ajoutait qu'il en existe une en Belgique, deux ou trois en Allemagne, mais pas une seule en France.

De retour à Paris, nous nous mîmes en quête du fabricant de scies (dont on n'avait pu nous dire le nom). Après quelques recherches infructueuses, l'*Almanach de Commerce*, — éclairé par une étoile de la Légion d'honneur, — nous conduisit chez M. Périn, constructeur-mécanicien, 97, rue du Faubourg-

Saint-Antoine. C'est lui qui est le principal inventeur de la scie sans fin, qui l'a rendue pratique ; c'est lui qui prépare et expédie les lames en Angleterre. Il savait qu'on les y emploie à découper le fer ; mais il avait ignoré jusqu'ici qu'elles servissent à découper l'acier.

Les scies sont *dentées* et *voyées* avant la trempe ; voyées, c'est-à-dire que, dans ces petites lames comme dans les grandes, les dents ou saillies triangulaires sont déjetées latéralement, alternativement à droite et à gauche du plan de la lame, pour que celle-ci ait sa voie faite dans la pièce qu'elle entame et qu'on n'ait pas à vaincre de résistance due au frottement. La scie est guidée à l'aide de deux petits blocs en acier fixés l'un au-dessus, l'autre au-dessous de la table sur laquelle on fait mouvoir les pièces à découper. Des entailles de diverses profondeurs ont été pratiquées à cet effet dans les blocs, avec une *dépouille* assez forte pour que les détritus qui s'y logent ne gênent pas le mouvement de la lame.

Nous n'entrerons pas dans de plus longs détails. Nous n'en aurions pas tant dit si, après nous être successivement adressé à un certain nombre de nos camarades des ponts et chaussées, des mines, de l'artillerie et des constructions navales, nous n'avions acquis la conviction que l'emploi de la scie sans fin pour le découpage des métaux est à peu près inconnu en France.

# CHAPITRE II

# EXPLOITATION

§ Iᵉʳ. — DES MESURES EN USAGE POUR PRÉVENIR LES COLLISIONS DE TRAINS.

### I. — MULTIPLICITÉ DES ACCIDENTS.

Parmi les questions que soulève l'exploitation des chemins de fer, il en est deux qui ont fortement préoccupé cette année l'opinion publique en Angleterre : d'une part, la multiplicité des accidents ; d'autre part, les tarifs, leur élévation et l'arbitraire qui paraît régner dans les rapports des Compagnies entre elles et avec le public.

L'importance des accidents peut se mesurer par le montant des dommages-intérêts que les Compagnies ont à payer annuellement. En voici le tableau pour les six dernières années :

| ANNÉES. | INDEMNITÉS PAYÉES | | |
| --- | --- | --- | --- |
| | POUR VOYAGEURS TUÉS OU BLESSÉS. | POUR MARCHANDISES AVARIÉES. | TOTAL. |
| | Francs | Francs | Francs |
| 1867. . . . . . . . . . | 8.684.475 | 4.157.225 | 12.841.700 |
| 1868. . . . . . . . . . | 7.661.050 | 3.981.250 | 11.612.500 |
| 1869. . . . . . . . . . | 8.342.875 | 3.386.000 | 11.728.875 |
| 1870. . . . . . . . . . | 8.062.500 | 3.098.275 | 11.160.775 |
| 1871. . . . . . . . . . | 7.808.350 | 3.532.200 | 11.340.550 |
| 1872. . . . . . . . . . | 7.484.725 | 4.665.475 | 12.150.200 |
| Total.. . . . . . . . | 48.043.975 | 22.820.425 | 70.864.400 |
| Dont $\frac{1}{6}$ = . . . . | 8.007.329 | 3.803.406 | 11.810.733 |

Ainsi, c'est une moyenne annuelle de 12 millions environ qui a été payée. Elle s'applique pour deux tiers aux voyageurs et pour un tiers aux marchandises. Elle ne comprend d'ailleurs aucune allocation au profit des employés des Compagnies, celles-ci n'ayant aucune obligation légale à remplir vis-à-vis de leur personnel en cas d'accidents. Ajoutons que ces chiffres ne donnent qu'une incomplète idée du préjudice causé aux Compagnies par les accidents, car ils ne tiennent compte ni des frais de réparation de la voie et du matériel roulant, ni de l'effet moral qui refroidit toujours pour un temps l'empressement des voyageurs.

Les compagnies doivent donc être, en Angleterre surtout, aussi désireuses que le public de donner à l'exploitation des chemins de fer toutes les garanties possibles de sécurité.

Or la cause prédominante des accidents réside dans les collisions de trains. Il y a eu, savoir :

$$
\begin{array}{lll}
\text{En 1870, 122 accidents, dont.} \dots \dots \dots & 83 & \text{collisions} \\
\text{En 1871, 171.} \dots \dots \dots \dots \dots \dots & 85 & \text{—} \\
\text{En 1872, 246.} \dots \dots \dots \dots \dots \dots & 150 & \text{—}
\end{array}
$$

Les collisions de l'année 1872 se subdivisent ainsi qu'il suit :

$$
\begin{array}{lr}
\text{Entre trains marchant en sens opposés.} \dots \dots \dots \dots \dots & 5 \\
\text{Entre trains en marche et se suivant sur une même voie.} \dots \dots & 22 \\
\text{Aux bifurcations.} \dots \dots \dots \dots \dots \dots \dots \dots \dots \dots & 32 \\
\text{Aux stations ou sur les voies de garage.} \dots \dots \dots \dots \dots & 91
\end{array}
$$

Quelles sont donc les mesures employées pour prévenir les collisions de trains ? Et puisqu'on se préoccupe de les perfectionner pour faire face à des difficultés que le grand nombre des trains et la multiplicité des croisements de voies rendent véritablement plus graves en Angleterre qu'ailleurs, voyons s'il n'y a pas là quelque enseignement dont nous puissions, un jour ou l'autre, tirer parti.

## II. — DIVERS MODES D'EXPLOITATION.

Beaucoup d'embranchements à voie unique sont exploités, conformément à une déclaration faite au Board of Trade, sous la condition expresse qu'ils n'auront jamais qu'une seule locomotive en feu à la fois, ou que, s'il y en a plusieurs, elles seront attelées ensemble. Avec ce système primitif, il n'y a pas de collisions possibles. *(Une seule machine en feu.)*

D'autres lignes plus importantes, toujours à voie unique, sont exploitées par l'un ou l'autre des trois procédés suivants.

Nous n'avons pas à définir le *pilotage*, qui se pratique fréquemment en France pour franchir certains passages de peu de longueur. Le pilote, dont la présence est nécessaire pour légitimer la circulation d'un train entre deux stations déterminées, doit porter au bras droit un brassard rouge. *(1° Pilotage.)*

Tout train ou machine isolée qui circule doit être porteur d'un bâton spécial *(staff)*, de 0^m,45 environ de longueur, lequel fait la navette dans les limites de la section à laquelle il est consacré. Pour une première section, le bâton est rouge et carré; pour la section suivante, il est bleu et rond, etc. C'est là ce qu'on appelle le *staff system*. *(2° Staff system.)*

On peut ajouter, affecter à chaque bâton une série de billets *(tickets)*, de même couleur et de même forme, dont chacun autorise la circulation d'un train *précédant celui qui portera le staff*. Le chef de gare remet le staff au mécanicien du dernier train, et dès lors il ne peut plus en laisser partir d'autres. — Les *billets de train* sont renfermés dans une boîte dont le couvercle, retenu par un ressort intérieur, ne s'ouvre qu'à l'aide du Staff faisant l'office de clef. Il va sans dire que le staff bleu, par exemple, ne permettrait pas d'ouvrir la boîte où sont les billets rouges. Un *billet de train* n'est pour le mécanicien un passe-port valable que si le staff lui a été montré à la station de départ. Chacun des trains munis de billets doit porter en queue, comme s'il allait être suivi par un train *spécial*, le signal annonçant aux poseurs et aux gardes-barrières *(3° Staff and ticket system.)*

qu'une machine va suivre. — Si un train tombe en détresse, le chauffeur se rend avec le staff à celle des deux stations d'où le secours doit venir. Si le train en détresse n'est pourvu que d'un billet, c'est à la station où le staff est resté qu'on doit aller demander du secours.

Voilà ce qu'on appelle le *staff and ticket system*. On comprend tout ce qu'il emprunte d'élasticité à l'emploi des billets de train : il permet de débarrasser une station des trains multiples qui ont pu s'y accumuler dans une même direction,. et peut ainsi transformer alternativement une voie unique en voie montante et voie descendante. Le réseau Cambrien, qui compte 286 kilomètres ouverts dans l'intervalle de 1859 à 1867, — tous en voie unique, sauf deux tronçons de 5 et 10 kilomètres, — a été exploité jusqu'en mars 1871 par le *staff and ticket system* ; c'est d'ailleurs la ligne la plus longue à laquelle le système ait été appliqué : la ligne principale, soudée au *London and North Western* à Whitchurch, traverse, de Wellshpool à Glandovey Junction, le centre du Pays de Galles, puis remonte le long du littoral jusqu'à Portmadoc et Pwllheli. Le *block system*, dont nous parlerons tout à l'heure, est aujourd'hui appliqué sur 251 kilomètres du réseau ; mais la Compagnie compte garder le *staff and ticket system* pour le surplus, c'est-à-dire pour quatre embranchements, dont l'un est celui de Dolgelly. La compagnie du *Midland* tient de même à conserver l'usage du staff pour plusieurs petits embranchements à voie unique.

Il est néanmoins évident que, si ce système rend impossible la rencontre des trains marchant en sens contraires, il n'en est pas de même pour les trains marchant dans le même sens. De nombreux accidents ne l'ont que trop prouvé. Il faudrait, pour le compléter, le combiner avec le *block system*.

Le *block system* consiste à diviser la ligne en sections dans chacune desquelles chaque train est successivement isolé, enfermé, *bloqué*. Le but essentiel est d'empêcher qu'un train ne vienne en heurter un autre qui le précède ou qui stationne sur la voie. On l'atteint en établissant des postes-signaux réunis par une communication électrique. Cette communication n'a que deux indications à donner : *Voie libre* ou *voie occupée*, indications qu'un agent traduit aux mécaniciens par des signaux.

L'appareil généralement employé en Angleterre pour les signaux est le sémaphore, c'est-à-dire un mât portant un bras mobile. Relevé horizontalement, ce bras indique que la voie est occupée ; abandonné à lui-même et pendant le long du mât, il indique que la voie est libre. Un même mât peut porter plusieurs bras qui correspondent à autant de directions différentes, à autant de voies auxiliaires s'embranchant successivement sur la voie principale; soit à gauche, soit à droite[1].

A chaque poste est attaché un agent au moins, un agent spécial, un *signalman*. Celui du poste A, après avoir laissé passer un train, n'en laissera passer un second que lorsqu'il aura reçu télégraphiquement du poste B un avis indiquant que le premier train a quitté la section et que d'ailleurs il n'y a au poste B ni train stationnant ni autre obstacle que le second train soit exposé à heurter. En même temps que le bras mobile s'abaisse en A pour ouvrir la voie, ou plutôt un peu avant, l'agent du poste B en est averti.

Chaque bifurcation, chaque aiguille a besoin de quatre signaux mobiles. Aussi les signaux se multiplient-ils, avec le nombre des aiguilles, aux abords de certaines stations. A raison de cette multiplication, on a voulu concentrer les leviers de manœuvre de toutes les aiguilles et ceux de tous les signaux, les concentrer de manière qu'un même agent, ou deux au besoin, pussent les manœuvrer tous. Ces leviers sont ordinairement réunis dans un pavillon rectangulaire, vitré de tous les côtés, élevé à 5 ou 6 mètres au-dessus de la voie, et quelquefois supporté par des colonnettes tranversalement à la voie, comme un pont sur rails. Telle est la disposition qu'on remarque à l'entrée des grandes halles de Cannon Street et de Charing Cross. Le premier de ces pavillons, que nous avons visité avec le *superintendent* du *South Eastern*, ne contient pas moins de 69 leviers, les 28 leviers d'aiguilles peints en noir, les 41 leviers de signaux peints en rouge, tous rangés sur une même file, comme des fusils dans un râtelier. Nous avons visité, à l'entrée de la station de Victoria, un autre pavillon renfermant 35 leviers. Il y en a 32 à Charing Cross, 24 en moyenne aux postes de la ligne du *Great Northern*, 34 aux stations de bifurca-

Concentration<br>des leviers d'aiguilles<br>et de signaux.

---

[1] Voir un « mémoire sur l'exploitation et le matériel des chemins anglais en 1865 » par M. Jules Morandière, ingénieur civil, inspecteur à la Direction des chemins de fer de l'Ouest.

tion du Cambrian. Le réseau si complexe du *Lancashire and Yorkshire* compte 75 leviers à la station de *Miles Platting* (à 1 kilomètre de Manchester) et 50 dans plusieurs autres stations. Celle, dit-on, qui en contient le plus, est celle d'Edgehill, près de Liverpool : elle en a 85.

On peut apprécier par ces chiffres l'importance de ces concentrations d'engins. Au lieu d'aiguilleurs disséminés dans l'étendue d'une gare, ayant à courir de côté et d'autre pour manœuvrer successivement des aiguilles plus ou moins distantes, trouvant parfois le chemin coupé par un train qui passe, exposés toujours aux intempéries de l'air, il n'y a que deux agents ayant tous les leviers sous la main, parfaitement abrités avec les instruments délicats qu'ils surveillent et dont les uns servent à envoyer ou à recevoir des dépêches télégraphiques, tandis que d'autres reproduisent automatiquement, sur une très-petite échelle, les signaux qui se produisent au dehors.

La fonction des aiguilleurs est bien plus délicate dans ces conditions, car il faut qu'ils agissent, en tirant ou poussant, sur de longues tiges de fer creux qui n'atteignent souvent les aiguilles qu'à 100 ou 150 mètres de distance, avec cinq ou six leviers coudés dans l'intervalle. (En avant de Cannon Street, la distance dépasse 300 mètres.) Mais nous n'avons pas encore signalé le trait le plus original et le plus important de l'appareil complexe qu'abritent les pavillons vitrés.



Parmi les conditions requises pour la réception des lignes, on a pu remarquer celle qui tend à prévenir les erreurs de signaux ou tout au moins à les rendre inoffensives. On y satisfait par ce qu'on appelle l'*interlocking system*, arrangement imaginé en 1856.

Les leviers des aiguilles sont reliés par des enclanchements, non-seulement avec ceux des signaux, mais entre eux, de telle sorte qu'une voie ne peut être signalée comme libre à un mécanicien sans qu'elle ait été préalablement ouverte pour lui par l'aiguille correspondante et fermée pour tous autres trains pouvant venir de directions différentes. Les leviers sont ainsi tantôt enclancheurs, tantôt enclanchés.

L'ouverture d'une aiguille précède nécessairement l'effacement du signal, et ensuite on ne peut plus déplacer l'aiguille sans avoir relevé le signal. C'est là une garantie précieuse; cependant l'expérience a montré qu'elle n'était pas suffisante. Il est maintes fois arrivé que l'agent des signaux, dans son anxieuse préoccupation de pourvoir en temps utile à des manœuvres qu'il devait successivement accomplir, mît son signal à l'arrêt avant qu'un train eût entièrement franchi l'aiguille, — *déclanchant* ainsi cette aiguille, — et qu'alors, soit par un ébranlement communiqué par le mouvement de lacet au talon d'une aiguille imparfaitement fermée, soit même par un vigoureux effort émanant de l'agent trop zélé, l'aiguille entr'ouverte fît dérailler les derniers wagons. Pour obvier à ce danger, on a *récemment* adopté, sur un certain nombre de lignes, une disposition complémentaire : on a subordonné la réouverture de l'aiguille au déplacement d'une pièce de fer disposée de façon que les roues passent et pèsent dessus en l'immobilisant, et l'aiguille avec elle, jusqu'à ce que le train tout entier soit passé.

Si c'est par erreur qu'un signal est à l'arrêt, le seul inconvénient qui doive en résulter, c'est d'arrêter et de faire attendre le train qui se présente.

On a enfin prévu le cas d'un mécanicien distrait qui, venant d'une voie secondaire avec un train de marchandises, va s'engager sur une voie principale malgré le signal d'arrêt qui la ferme. L'*aiguille de sûreté* exigée par le *Board of Trade* dévie inopinément le train en le dirigeant sur une voie d'impasse plus ou moins longue, au bout de laquelle est un heurtoir ou un tas de ballast. Les mécaniciens surpris de la sorte conservent la ressource de battre contre-vapeur et d'éviter ou d'atténuer un choc relativement inoffensif; ils peuvent donc en être quittes pour une humiliation salutaire.

Telles sont les dispositions imaginées en dernier lieu pour transférer, aussi complétement que possible, de l'homme aux machines le rôle protecteur dont dépend la sécurité des trains. On a contesté que ce fût là une substitution judicieuse; il paraît avéré que l'attention des mécaniciens s'est relâchée, que leur vigilance s'est amoindrie depuis qu'ils se sentent protégés par ces précautions raffinées; quoi qu'on leur dise, la plupart d'entre eux sont convaincus que la section dont l'entrée leur est ouverte est nécessairement libre de tout obstacle jusqu'à la fin. C'est là une confiance regrettable. Cependant personne ne nie qu'en somme le système de l'isolement des trains, si heureusement complété par la solidarité des aiguilles et des signaux, n'ait ajouté beaucoup à la sûreté de la circulation. L'avantage d'une concordance automatique était aisé à pressentir. « On est sûr d'abord, et avant tout, disait le 6 mars dernier le président « d'une commission d'enquête nommée par la Chambre des Lords, on est sûr « que les engins mécaniques ne se griseront pas ; ils ne s'endormiront pas « davantage, et leur attention ne se portera pas sur des objets étrangers à la « fonction qu'ils ont à remplir. » C'est grâce à cette exactitude mathématique que des trains peuvent se succéder sur certaines grandes lignes à deux ou trois minutes seulement d'intervalle. Voilà comment le *Metropolitan*, avec des bifurcations placées dans l'obscurité des tunnels, sur des pentes et dans des courbes roides, est parcouru journellement par un millier de trains, son *terminus* de Moorgate-Street voyant entrer ou sortir jusqu'à 34 trains par heure à certains moments de la journée. Nulle part au monde la capacité de fréquentation des chemins de fer ne s'est encore manifestée avec autant d'éclat, et les Anglais peuvent être fiers d'avoir abordé et surmonté des difficultés aussi complexes.

### III. — APPLICATIONS FAITES DES MESURES PERFECTIONNÉES.

La compagnie du *South Eastern* revendique le mérite d'avoir inauguré le *block system* dès l'année 1851, cinq ans avant qu'il fût sérieusement appliqué ailleurs [1]. Elle reconnaît du reste qu'ayant peu de bifurcations et de voies de garage, sa tâche a été relativement bien simplifiée ; elle n'a pas eu besoin de créer des postes spéciaux dans l'intervalle de ses stations de voyageurs. L'*interlocking system* est établi à 18 ou 19 stations, et on l'étend progressivement aux autres. Le South Eastern, qui seul a tout son réseau soumis au block system, n'a pas eu un seul accident en 1871.

La ligne de Bristol à Exeter se trouvait dans les mêmes conditions favorables quand le block system y fut introduit en 1866. La communication télégraphique

[1] L'idée en avait été émise en 1842.

y est réalisée par l'appareil Tyer qui, avec un seul fil, permet d'échanger non-seulement les deux avis essentiels, mais d'autres messages que les incidents du service rendent parfois nécessaires.

Le *Metropolitan* a adopté les deux systèmes dès son ouverture en 1863.

Le *Midland* leur a ouvert son réseau en 1865, mais n'en a fait que des applications restreintes jusqu'à ces dernières années. Cette compagnie paraît s'être montrée l'une des moins empressées à répondre, sur ce point, aux recommandations du Board of Trade.

Sur les 869 kilomètres du *Great Northern*, 375 sont soumis au block system, notamment les 257 kilomètres de la grande ligne entre Londres et Doncaster (107 postes intermédiaires). L'interlocking system, introduit en 1869, fonctionne sur 199 points; il comprend toutes les bifurcations.

Le block system est en vigueur sur $\frac{1}{10}$ du réseau du *Lancashire and Yorkshire*.

Il n'est encore appliqué que sur des tronçons isolés du *Caledonian*.

On le trouve presque partout sur le *Cambrian*, le *Highland* et le *Great North of Scotland*, bien que ces trois compagnies n'aient guère que des lignes à voie unique.

Le *Great Western*, dont le réseau comprend 2.134 kilomètres, est exploité par le staff system sur 393 kilomètres et par le block system sur 817 kilomètres. Mais, sur une longueur de 289 kilomètres, au lieu de se conformer exactement au block system *absolute*, on ne suit qu'un système *permissive*, mitigé en ce sens que les trains sont simplement assujettis à ne quitter chaque poste-signal qu'après certains intervalles de temps déterminés. Encore faut-il ajouter que, d'après la règle originelle, les trains devaient ralentir assez pour que l'agent préposé aux signaux pût, au besoin, donner un avis verbal au mécanicien; mais l'usage a prévalu de tenir simplement le signal du *danger* en évidence pendant trois minutes après le passage d'un train, puis d'y substituer un signal de *ralentissement*, maintenu jusqu'à ce que la voie soit libre dans l'étendue de la section. De là résulte qu'un train peut s'engager à trois ou quatre minutes d'intervalle d'un autre; or le mécanicien ignore si celui-ci est un train de marchandises, marchant peut-être à raison de 15 kilomètres à l'heure, ou un express marchant à 80 kilomètres; il est dans la même incertitude relativement au train qui le suit, et il peut se trouver dès lors dans un grand embarras pour régler sa marche. Le *permissive system* substitue donc des intervalles de temps incertains et variables à des intervalles d'espace absolument déterminés.

Le même système est appliqué sur moitié environ du grand réseau du *London and North Western.* C'est là qu'il a pris naissance.

Ajoutons que la liaison des aiguilles aux signaux est une condition obligatoirement attachée depuis 1859 par le Board of Trade à l'établissement de toute jonction nouvelle entre des voies ferrées. Mais beaucoup de jonctions antérieurement établies sont encore aujourd'hui dépourvues de cette garantie si efficace.

*Espacement des postes-signaux.*

Sur le Metropolitan, la distance des postes-signaux n'excède nulle part un kilomètre, et elle descend à 130 mètres environ. Sur le Highland, que nous prenons comme un type entièrement opposé, la distance ordinaire est de 24 kilomètres.

Sur le Cambrian, la distance atteint 11 kilomètres, mais elle n'est que de 7 kilomètres en moyenne.

Sur le Great Northern, elle varie de 140 mètres à 6.500 mètres ; elle est de 2.400 moyennement.

Les grandes lignes qui descendent du Nord, surchargées de trains dont les vitesses sont fort inégales, flanquées par suite de nombreuses voies auxiliaires qui sont spécialement affectées à la circulation des trains lents, des lignes pareilles ne peuvent être adaptées au block system qu'au prix de grandes dépenses. Pour ne pas multiplier indéfiniment les postes, on est conduit à déplacer certaines aiguilles en allongeant les voies latérales. Assez généralement, quand une bifurcation est à plus de 400 mètres d'un poste, au lieu de la rattacher à celui-ci, on la laisse où elle est, et l'on y crée un poste spécial. L'importance du trafic est une autre raison qui peut faire varier beaucoup la dépense d'installation et d'entretien. Voici, sur ce point, quelques chiffres que nous trouvons épars dans les dépositions d'une enquête à laquelle nous avons déjà fait allusion ci-dessus.

*Dépenses d'installation et d'entretien.*

Dans l'hypothèse d'une ligne principale à deux voies, chacune de celles-ci recevant un embranchement, le prix des signaux, du pavillon vitré et de l'appareil de manœuvre dans lequel les signaux sont reliés aux aiguilles, — ce prix, suivant M. John S. Farmer, est compris entre 6.250 francs et 7.500 francs.

L'enclanchement seul est fourni et monté à raison de 200 francs par levier. L'application à une bifurcation ordinaire, employant 12 leviers, coûte donc 2.400 francs.

Le prix de 200 francs ne comprend pas la communication du levier aux appareils qu'il fait mouvoir. Cette communication coûte 5$^f$,10 par mètre courant.

Sur le Great Northern, on estime la dépense d'installation du block system à 1.710 francs par kilomètre, comprenant dans ce prix les pavillons, les signaux et les appareils, mais supposant qu'on utilise pour le télégraphe des poteaux préexistants. Si ces poteaux étaient à établir, la dépense augmenterait de 422 francs par kilomètre. — La dépense d'entretien, y compris les renouvellements, est estimée à 437 francs par kilomètre. — La liaison seule des aiguilles aux signaux, appliquée à tout le réseau du Great Northern, coûterait 3 millions de francs environ. — Le prix d'entretien annuel d'un poste ordinaire, y compris le salaire des deux agents, est de 5.000 francs. Ces agents reçoivent de 20 à 27 schellings par semaine, en moyenne 23$^s$4$^d$ ou 29$^f$,12 pour chacun.

Il n'y a pas en Angleterre, pas plus qu'en Amérique, de gardes-ligne chargés (comme en France) de surveiller la voie. Mais les « signalmen » qu'exige l'application du block system constituent un personnel spécial. Ils sont au nombre de 329 entre Londres et Doncaster, ce qui fait en moyenne 2 par mille ou 1 ¼ par kilomètre. Encore les deux agents chargés de la manœuvre des leviers ne peuvent-ils pas pourvoir, dans les stations importantes, au service télégraphique ; on leur adjoint des jeunes gens pour recevoir, envoyer et enregistrer les dépêches. D'un autre côté, ces agents permettent de réduire sur certains points le nombre des aiguilleurs : il faudrait 8 à 10 de ceux-ci pour remplacer les deux agents de Cannon Street ; ou, plus exactement, la fonction multiple de ces derniers ne pourrait pas être confiée à des agents isolés, dont on n'obtiendrait jamais l'unité et l'harmonie qu'exige un service aussi hérissé de sujétions. C'est là un avantage bien autrement important que celui d'économiser quelques hommes.

L'application du block system et de l'interlocking system à tout le réseau du

Midland coûterait, suivant M. Allport, y compris les dépenses déjà faites, 15 millions de francs. Sur les lignes de ce réseau où le double système fonctionne, l'entretien annuel des signaux s'est élevé, dit-on, de 32 francs à 156 francs par kilomètre.

Sur le South Eastern, la dépense d'installation n'a été que de 287.500 francs pour un réseau de 558 kilomètres, ce qui fait 515 francs par kilomètre. La dépense annuelle d'entretien s'établit ainsi qu'il suit :

|  | francs. |
|---|---|
| Intérêts à 5 pour 100 sur 515 francs. | 26 |
| Entretien. | 54 |
| Supp'ément de salaire pour les agents des signaux et leurs aides. | 45 |
| Total. | 125 |

Enfin, sur le Cambrian, la dépense d'installation n'a été que de 250 francs par kilomètre.

Ces chiffres, donnés à titre de simples renseignements, sont extraits du *Blue Book* parlementaire. On en trouve quelques autres dans un mémoire lu le 23 avril dernier par M. W. II. Preece à la Société des ingénieurs de télégraphes. (Voir l'*Engineer* du 16 Mai.)

Conclusion. Telles sont les mesures actuellement en usage sur une partie (sur un peu moins du tiers) des chemins de fer d'Angleterre et d'Écosse, qu'elles protégent contre les collisions de trains. L'efficacité de ces mesures est si bien établie qu'on aspire à les voir étendues à la totalité des voies ferrées ; et le gouvernement a présenté au Parlement, dans sa dernière session, un projet de loi tendant à rendre obligatoires, dans un délai de cinq ans par exemple, le block system et l'interlocking system.

Mais les Compagnies ont réclamé vivement contre les sacrifices pécuniaires qu'il s'agissait de leur imposer ainsi. Elles ont contesté l'utilité de ces mesures pour les embranchements de peu d'importance, pour les lignes notamment dont le trafic, purement agricole, couvre à peine les frais d'exploitation. On a fait observer que les collisions de trains n'étaient malheureusement pas les seuls accidents dont l'opinion publique se préoccupât à juste titre, qu'il y avait d'autres dangers à redouter, d'autres mesures préventives à prendre, et que les Compagnies seraient moralement fondées à reléguer ces autres mesures dans une sorte d'abandon relatif s'il y en avait qui leur fussent exceptionnellement imposées.

A défaut d'une application générale et immédiate, on avait proposé que la loi, moins absolue dans ses prescriptions, laissât au Board of Trade la faculté d'exempter certaines lignes et de proroger les délais d'exécution. Mais ces pouvoirs discrétionnaires ne sont pas du goût de l'administration anglaise. On pense généralement que les Inspecteurs des chemins de fer n'assumeraient pas, vis-à-vis du public, la responsabilité des exemptions ou des prorogations : ces exécuteurs de la loi seraient donc inflexibles. En présence du fait, reconnu et confirmé par eux, que les grandes Compagnies ont spontanément pris, depuis un an, en vue de l'extension du double système dont il s'agit, des mesures beaucoup plus décisives qu'elles ne l'avaient fait jusqu'alors, la commission de la Chambre des Lords a pensé qu'il valait mieux s'en tenir à cette exécution spontanée, et elle a conclu, le jeudi 27 mars dernier [1], au retrait du projet de loi.

### § II. — SERVICE DES VOYAGEURS.

#### I. — LE DÉPART ET L'ARRIVÉE.

En Angleterre comme en Amérique, le public est admis en principe dans l'intérieur des gares ; il circule librement jusque sur les quais de départ et d'arrivée. Par exception seulement, dans un pays comme dans l'autre, quand on est fondé à redouter quelque confusion, on ferme les quais *de départ* par une barrière que le voyageur ne franchit qu'en exhibant son billet. Ceci se pratique constamment à Charing Cross, à Cannon Street, à London Bridge Station, à Newcastle, tandis qu'à Paddington, à Euston Square, à Saint-Pancras, à King's Cross, à Derby, à Glascow, etc., le public peut pénétrer partout.

*Admission du public à l'intérieur des gares.*

[1] « Die Jovis 27° Martii 1873 »

Cette tolérance est, dans les grandes gares, un embarras incontestable ; et ce n'est pas sans surprise qu'un Français voit arriver à la station de Paddington, par exemple, durant les deux ou trois minutes qui précèdent immédiatement le départ des trains, des bagages dont les facteurs s'emparent et qu'ils transportent avec leurs petits chariots lancés à grande vitesse sur un trottoir couvert parfois d'une foule compacte. — Pourquoi donc laisser compliquer ainsi le service ?

Nous avons retrouvé en Angleterre l'usage américain de peser le pour et le contre dans ces sortes de questions. Il est, sans aucun doute, plus commode de s'enfermer dans une gare comme dans un sanctuaire, de préparer à loisir et sans trouble, comme dans des coulisses, la mise en scène de la pièce qu'on va jouer, et de ne paraître devant le public payant qu'au lever du rideau. Mais, en Angleterre, on n'aborde pas une gare comme un théâtre ; les chemins de fer ne répondent pas à des besoins purement accidentels ; ils se lient intimement à la vie ordinaire, ils tiennent une place permanente dans les préoccupations de chacun. On se sent chez soi dans une gare anglaise ; on n'y est pas dépaysé, désorienté, simplement toléré ; on y est comme dans la rue qu'on habite. Et la vue des trains en partance, des wagons qui s'emplissent, des visages qu'illumine déjà la perspective du grand air, exerce sur les spectateurs un effet d'entraînement dont les conséquences pratiques sont aisées à comprendre. A Newcastle, à Édimbourg, les grandes gares centrales, l'espace qui, dans tous les cas, reste accessible au public sous la halle, sont des buts de promenade, des lieux de rendez-vous ; on y vient aux nouvelles le soir. Les hôtels annexés à ces stations, les buffets qui, pour les habitants mêmes des villes, remplacent les cafés de la France, sont d'autres éléments d'attraction. Enfin ces contacts permanents, cette facilité d'entrer et de sortir, cette simplicité de l'arrivée et du départ, sont à nos yeux une des causes qui ont tant développé le goût des voyages en Angleterre, au grand profit des Compagnies, du public et de la nation tout entière.

Un tel système pourrait-il s'acclimater à Paris ? Pourrait-on laisser la foule pénétrer ainsi à l'intérieur des gares comme sur une place publique ? La réponse ne saurait guère être douteuse. Cependant, toutes les fois qu'il s'agit de renoncer à quelque avantage inhérent à des qualités morales que l'on conteste à la France, nous ne pouvons nous défendre d'un sentiment de tristesse ; la résignation nous pèse, et nous nous demandons si l'on ne devrait pas, sans violenter les mœurs, saisir toutes les occasions de hâter par des épreuves la maturité qui peut nous manquer encore.

Dans l'espèce, laissant la foule au dehors, nous voudrions qu'on ne tînt pas enfermés dans les salles d'attente les voyageurs auxquels on a délivré des billets de places.

En Angleterre comme en Amérique, les guichets de distribution sont ouverts assez longtemps d'avance ou assez nombreux pour que les voyageurs, au moins dans les circonstances ordinaires, n'aient pas à faire queue en attendant leurs billets. Nous y avons rarement vu plus de six ou huit personnes réunies. Ce n'est qu'une question de nombre ; mais la différence est sensible pour les voyageurs qui attendent à la file, au départ des trains omnibus des grandes lignes.  Billets de places.

Le besoin cependant se fait sentir de simplifier encore le mode de délivrance des billets. Entre autres combinaisons proposées dans ce but, raisonnant dans l'hypothèse d'une fusion générale des lignes, on a parlé d'uniformiser les prix et de réduire tous les billets de chemin de fer à deux ou trois types, assimilés à des timbres-poste et valables sur toutes les lignes : visée théorique, qui a tout au moins le mérite d'indiquer l'importance qu'on attache à une grande simplification.

Ordinairement le contrôle des billets ne se fait qu'en route. Cependant sur quelques lignes, le North Eastern par exemple, il se fait au départ. L'agent qui en est chargé parcourt le train d'une extrémité à l'autre en fermant au verrou successivement chacun des compartiments qu'il a visités. Il les rouvre au moment où le train va partir. Cette fermeture momentanée empêche qu'on ne monte sans billet postérieurement au passage de l'agent ; mais elle est gênante pour les retardataires.

L'usage de fermer au verrou est pratiqué couramment, mais dans un autre but, sur certaines lignes à voie unique. Le quai sur lequel on doit descendre se trouvant placé tantôt à droite et tantôt à gauche, on ferme à chaque station celle des deux portières qui ne devra pas s'ouvrir à la station suivante.

Presque toujours les billets sont repris des mains des voyageurs dans les wagons mêmes et par les agents du train. Si nous ne nous trompons, on ne s'arrête à cet effet devant un quai de contrôle que dans le cas où le stationnement est nécessaire pour quelque manœuvre de machine *qui ne peut pas être différée.* Hors de là, c'est à la station précédente que la remise des billets a lieu. — C'est là une pratique générale en Amérique, accidentelle en France. Elle simplifie le service des gares et hâte l'évacuation du quai d'arrivée.

Bagages.  La quantité de bagages que les voyageurs peuvent transporter en franchise est limitée ainsi qu'il suit sur presque tous les chemins de fer d'Angleterre et d'Écosse :

> Voyageur de 1<sup>re</sup> classe. . . . . . 120 livres ou 54ᵏ,36
> Voyageur de 2ᵉ classe. . . . . . 100 . . . . . 45ᵏ,50
> Voyageur de 3ᵉ classe. . . . . . 60 . . . . . 27ᵏ,18

Les voyageurs de commerce (*commercial travellers*) ont un double avantage sur les voyageurs *ordinaires :* 1° le surplus de poids est taxé pour eux à un prix inférieur ; — 2° ils ont la faculté d'expédier leurs bagages pour une station plus éloignée que celle dans laquelle ils peuvent avoir besoin de s'arrêter d'abord.

Le dépôt des colis à la *consigne* est taxé à raison de 0ᶠ,21 par colis.

On peut faire enregistrer ses bagages en Angleterre, et c'est une précaution recommandée pour le cas où l'on doit circuler sur plusieurs réseaux avec transbordement ; mais, en règle générale, cela ne se fait pas. Les colis que l'on ne garde pas avec soi sont simplement étiquetés (*labelled*), l'étiquette portant, avec les initiales de la compagnie, le nom de la station où l'on va. Un avis affiché prescrit aux voyageurs de veiller à l'accomplissement de cette formalité, sans laquelle les bagages ne partiraient pas. Les colis d'ailleurs ne portent aucun numéro ; on n'en dresse pas d'état ; le chef de train ne reçoit pas de feuille de route pour cet objet ; le voyageur enfin n'a rien absolument qui constate qu'il ait livré quoi que ce soit. — A l'arrivée, tous les bagages sont déposés sur le trottoir, et chacun reconnaît les siens.

Ce n'est pas ainsi qu'on procède en Amérique. A chaque colis est attaché un chèque ou jeton de cuivre numéroté, dont le double est remis au voyageur : c'est un titre pour lui et un moyen de prévenir des contestations éventuelles.

Est-ce donc là une précaution inutile ? Nous l'avons entendu affirmer, et l'expérience de l'Angleterre tendrait à le faire croire. Le nombre des colis égarés ou volés est, dit-on, très-faible.

On ne saurait douter que le système de l'étiquetage pur et simple suffise aux Anglais, puisqu'ils s'en contentent; mais il faut savoir à quelle condition. Quand on dit qu'une fois les bagages étiquetés, les voyageurs n'ont plus à s'en occuper, cette assertion manque un peu d'exactitude. Nous avons vu partout et toujours les voyageurs suivre leurs bagages pour savoir où on les case; nous les avons vus fréquemment en route, surtout dans les stations de quelque importance, regarder si l'on ne déchargeait pas leurs colis par erreur; enfin, à l'arrivée, bien que les bagages du train soient divisés en un certain nombre de groupes, chacun est tenu de reconnaître les siens et de les faire tirer du tas. En réalité, les compagnies anglaises, non-seulement s'exonèrent de toute responsabilité, mais requièrent la collaboration de tous les voyageurs : idée féconde, car elles s'épargnent ainsi beaucoup de soins et d'embarras; elles utilisent, contre les erreurs et les fausses manœuvres, le puissant aiguillon de l'intérêt personnel. Chacun veille volontiers à ce que ses colis soient tous et convenablement étiquetés; du premier coup d'œil et de loin, chacun distingue sans peine les siens sur le trottoir, et le triage peut se faire instantanément à l'arrivée.

Il nous paraît douteux que ce concours pût être facilement obtenu du public français. Cependant, persuadé que les dispositions adoptées chez nous pour le départ sont susceptibles de quelque amélioration, nous croyons devoir insister et préciser ici comparativement la façon dont on procède dans les deux pays.

Un jour, en compagnie de M. le président du *London-Chatham* (M. *Forbes*), nous examinions de point en point comment on part de la station de Victoria, non pas pour le Continent, mais pour une ville quelconque de l'Angleterre. — Dès qu'un fiacre arrive au bord du trottoir, un facteur se présente avec une brouette et demande au voyageur où il va. Celui-ci prend un billet au guichet, où il ne séjourne guère, et rejoint son bagage qui l'attend près du casier aux étiquettes. Déjà le facteur a puisé dans le compartiment convenable autant d'étiquettes qu'il y a de colis, il les tient à la main, mais il ne les colle que quand le voyageur est là et sur le vu du billet de place; il les colle en les mouillant dans un petit bassin de fer-blanc disposé à cet effet, ou simplement avec de la salive : c'est presque instantané. La brouette se dirige ensuite vers le train, car on ne procède qu'exceptionnellement au pesage; le voyageur suit toujours, et le voilà rendu à destination. Il n'a guère parcouru qu'une centaine de mètres, et le bagage a suivi sans reprises un trajet horizontal.

Transportons-nous maintenant à Paris, à la nouvelle gare du Nord ou même à la nouvelle gare d'Orléans. A l'arrivée du fiacre, les bagages étant déposés sur une brouette ou sur un chariot, le voyageur se dirige vers le guichet de distribution des billets; il y prend la queue, trop heureux s'il voit que la tête a commencé à se mouvoir, et il avance pas à pas, non sans jeter de temps à autre un regard inquiet dans la direction où il sait que ses colis sont abandonnés à eux-mêmes. Enfin il les rejoint; le premier acte est accompli. — Bagage et voyageur se transportent alors dans une salle spéciale où se trouve une barrière, un comptoir bien clos, avec des facteurs en dedans et d'autres en dehors; les bagages doivent passer d'une équipe à l'autre, mais leurs opérations sont subordonnées au pesage, à un pesage auquel rien n'échappe, pas même les colis les plus évidemment inférieurs en poids à la limite taxée. On inscrit en double expédition le résultat du pesage, le voyageur paye, on lui rend sa monnaie, et pendant ce temps-là les autres attendent. Les bagages ont passé du chariot sur le comptoir, du comptoir sur la balance, de la balance sur un second chariot, tandis que les facteurs des deux camps s'observent, s'attendent, embarrassés souvent de leur oisiveté involontaire. Enfin le chariot part, le second acte est terminé. — Le voyageur n'aurait alors que deux pas à faire pour entrer avec son bagage dans la halle; mais non, il faut qu'il rétrograde, qu'il retourne vers le guichet des billets, qu'il aille, plus loin encore, chercher la salle où il attendra, comme en quarantaine, que l'ouverture des portes livre passage au flot impatient de les franchir : le prix de la course, les bonnes places, sont pour les plus vigoureux, les plus agiles, les plus mal élevés surtout.

Il est impossible, quand on a vu les gares anglaises ou américaines, de n'être pas surpris de ce cérémonial compliqué. On pourrait comparer numériquement notre système avec celui des Anglais; on pourrait chiffrer la longueur des contre-marches, compter les reprises du bagage, estimer en argent les fausses manœuvres et le temps perdu. Cette comparaison faite, on serait probablement étonné de voir se perpétuer intégralement en France des errements aussi peu profitables aux Compagnies elles-mêmes.

La question est plus délicate en ce qui concerne le triage, le groupement et la délivrance des bagages à l'arrivée; elle est incontestablement plus compliquée en France à cause de l'octroi. Cependant l'octroi de Paris n'est pas une difficulté plus grande que la douane de Londres ou de New-York. A Londres, la table sur laquelle les colis doivent être visités est dressée le long du trottoir, faisant face au train; pour y être portés, les bagages n'ont qu'à traverser plus ou moins obliquement le quai. Qu'y aurait-il donc à faire chez nous pour procéder de même? Rapprocher davantage la table du train, réduire à un minimum la distance à parcourir de l'un à l'autre, supprimer la sujétion des portes, laisser enfin la table accessible en ligne droite sur tout son développement. — Mais c'est précisément ce qu'on a fait dans la nouvelle gare d'Orléans. Nous n'avons donc pas à y insister ici.

Tout en faisant ressortir certains avantages du système anglais relativement aux bagages, nous avons exprimé l'opinion que les soins personnels auxquels il astreint les voyageurs seraient peu goûtés en France. On pourrait citer d'autres faits montrant que les détails du service ne sont pas aussi ponctuellement réglés en Angleterre que chez nous et que les voyages y sont moins faciles pour les femmes, les enfants, les étrangers surtout. On cherche quelquefois en vain les écriteaux propres à indiquer le train et la voiture où l'on doit prendre place; certains usages locaux sont censés connus de tout le monde; les étrangers ont besoin de questionner souvent. La confusion n'est souvent d'ailleurs qu'apparente, les choses finissent presque toujours par s'arranger, et elles semblent s'arranger seules. On ne voit pas donner d'ordres, on ne sait qui dirige, le chef de gare ne paraît guère; ce sont les facteurs qui font tout.

Nous ajouterons un détail qui peut avoir pratiquement quelque importance. En Amérique, sur les chemins de fer et ailleurs, le pourboire est à peu près inconnu, mais il est en grande faveur en Angleterre; il est d'un usage très-répandu dans les gares, malgré les règlements affichés qui interdisent aux facteurs de rien accepter. Ceux-ci né demandent jamais que d'une façon indirecte et discrète (point délicat, et qui serait chez nous un écueil) ; cependant le grand nombre de pièces de 1 à 6 pence qu'ils reçoivent dans le cours d'une semaine constitue, assure-t-on, un supplément de salaire assez important. Il nous paraît peu douteux que ces allocations bénévoles stimulent efficacement le zèle de ces agents et l'intelligente activité qu'ils déploient au grand profit du public et des compagnies.

## II. — LE TRAJET.

Composition des trains. A titre d'exemple de la composition des trains de grande ligne, nous produisons ci-après deux tableaux dont les éléments nous ont été fournis par la compagnie du Great Western. Ces éléments proviennent de comptages effectués à deux stations, un jour du mois d'avril dernier. (Les expressions de trains descendants et de trains montants supposent toujours, en Angleterre, que Londres est un point culminant par rapport à toutes les voies ferrées.)

Il ressort de ces tableaux des indications qui, si nous ne nous trompons, sont applicables en général aux chemins de fer anglais : trains de voyageurs nombreux (28 à 30 dans chaque sens), composés d'un petit nombre de voitures (4 ou 5 en moyenne), et ces voitures très-incomplétement remplies, surtout celles de 1$^{re}$ et de 2$^e$ classe.

1<sup>re</sup> STATION

| | TOTAL POUR LA JOURNÉE. | MOYENNE PAR TRAIN. |
|---|---|---|
| **1° TRAINS DESCENDANTS.** | | |
| Nombre de trains — total | 59 | |
| Nombre de trains — contenant des voyageurs des trois classes | 27 | |
| Nombre de trains — contenant des voyageurs de 1<sup>re</sup> et de 2<sup>e</sup> classe seulement | 32 | |
| Voitures — de 1<sup>re</sup> classe | 32 | 1,10 |
| Voitures — de 2<sup>e</sup> classe | 35 | 1,20 |
| Voitures — de 3<sup>e</sup> classe | 49 | 1,81 |
| Voitures — mixtes | 14 | » |
| Voitures — ensemble | 130 | 4,48 |
| Places disponibles — de 1<sup>re</sup> classe | 652 | 22,48 |
| Places disponibles — de 2<sup>e</sup> classe | 1.247 | 43,00 |
| Places disponibles — de 3<sup>e</sup> classe | 1.652 | 61,19 |
| Places disponibles — des trois classes | 3.551 | 122,44 |
| Fourgons spéciaux à bagages | 17 | » |
| Voyageurs constatés — de 1<sup>re</sup> classe | 214 | 7,58 |
| Voyageurs constatés — de 2<sup>e</sup> clase | 558 | 12,51 |
| Voyageurs constatés — de 3<sup>e</sup> classe | 1.236 | 49,44 |
| Voyageurs constatés — des trois classes | 1.808 | 62,34 |
| Rapport du nombre des places occupées à celui des places disponibles : | | |
| Pour la 1<sup>re</sup> classe | 0,53 | |
| — la 2<sup>e</sup> classe | 0,29 | |
| — la 3<sup>e</sup> classe | 0,75 | |
| — les trois ensemble | 0,51 | |
| **2° TRAINS MONTANTS.** | | |
| Nombre de trains — total | 28 | |
| Nombre de trains — contenant des voyageurs des trois classes | 22 | |
| Nombre de trains — contenant des voyageurs de 1<sup>re</sup> et de 2<sup>e</sup> classe seulement | 6 | |
| Voitures — de 1<sup>re</sup> classe | 32 | 1,14 |
| Voitures — de 2<sup>e</sup> classe | 32 | 1,14 |
| Voitures — de 3<sup>e</sup> classe | 47 | 2,13 |
| Voitures — mixtes | 14 | » |
| Voitures — ensemble | 125 | 4,46 |
| Places disponibles — de 1<sup>re</sup> classe | 631 | 22,54 |
| Places disponibles — de 2<sup>e</sup> classe | 1.136 | 40,57 |
| Places disponibles — de 3<sup>e</sup> classe | 1.628 | » |
| Places disponibles — des trois classes | 3.395 | 121,25 |
| Fourgons spéciaux à bagages | 16 | » |
| Voyageurs constatés — de 1<sup>re</sup> classe | 251 | 8,96 |
| Voyageurs constatés — de 2<sup>e</sup> classe | 535 | 19,05 |
| Voyageurs constatés — de 3<sup>e</sup> classe | 1.491 | 67,77 |
| Voyageurs constatés — des trois classes | 2.275 | 81,24 |
| Rapport du nombre des places occupées à celui des places disponibles : | | |
| Pour la 1<sup>re</sup> classe | 0,40 | |
| — la 2<sup>e</sup> classe | 0,47 | |
| — la 3<sup>e</sup> classe | 0,91 | |
| — les trois ensemble | 0,67 | |

## 2ᵉ STATION

| | TOTAL POUR LA JOURNÉE. | MOYENNE PAR TRAIN. |
|---|---|---|
| **1° TRAINS DESCENDANTS.** | | |
| Nombre de trains — total. | 28 | |
| Nombre de trains — contenant des voyageurs des trois classes. | 13 | |
| Nombre de trains — contenant des voyageurs de 1ʳᵉ et de 2ᵉ classe seulement. | 15 | |
| Voitures — de 1ʳᵉ classe. | 52 | 1,85 |
| Voitures — de 2ᵉ classe. | 62 | 2,21 |
| Voitures — de 3ᵉ classe. | 18 | 0,64 |
| Voitures — mixtes. | 51 | 1,82 |
| Voitures — ensemble. | 183 | 6,53 |
| Places disponibles — de 1ʳᵉ classe. | 2.147 | 76,67 |
| Places disponibles — de 2ᵉ classe. | 3.496 | 124,85 |
| Places disponibles — de 3ᵉ classe. | 874 | 31,21 |
| Places disponibles — des trois classes | 6.517 | 232,75 |
| Fourgons spéciaux à bagages. | 34 | |
| Voyageurs constatés — de 1ʳᵉ classe. | 1.022 | 36,50 |
| Voyageurs constatés — de 2ᵉ classe. | 1.251 | 44,67 |
| Voyageurs constatés — de 3ᵉ classe. | 461 | 16,46 |
| Voyageurs constatés — des trois classes. | 2.734 | 97,64 |
| Rapport du nombre de places occupées à celui des places disponibles : | | |
| Pour la 1ʳᵉ classe. | 0,47 | |
| — la 2ᵉ classe. | 0,36 | |
| — la 3ᵉ classe. | 0,53 | |
| — les trois ensemble. | 0,42 | |
| **2° TRAINS MONTANTS.** | | |
| Nombre de trains — total. | 30 | |
| Nombre de trains — contenant des voyageurs des trois classes. | 16 | |
| Nombre de trains — contenant des voyageurs de 1ʳᵉ et de 2ᵉ classe seulement. | 14 | |
| Voitures — de 1ʳᵉ classe. | 57 | 1,90 |
| Voitures — de 2ᵉ classe. | 55 | 1,85 |
| Voitures — de 3ᵉ classe. | 23 | 0,76 |
| Voitures — mixtes. | 55 | 1,83 |
| Voitures — ensemble. | 190 | 6,53 |
| Fourgons spéciaux à bagages. | 2.379 | 79,50 |
| Places disponibles — de 1ʳᵉ classe. | 3.185 | 106,16 |
| Places disponibles — de 2ᵉ classe. | 1.050 | 35,00 |
| Places disponibles — de 3ᵉ classe. | 6.614 | 220,46 |
| Places disponibles — des trois classes. | 33 | |
| Voyageurs constatés — de 1ʳᵉ classe. | 1.050 | 35,00 |
| Voyageurs constatés — de 2ᵉ classe. | 1.407 | 46,90 |
| Voyageurs constatés — de 3ᵉ classe. | 415 | 13,83 |
| Voyageurs constatés — des trois classes. | 2.872 | 95,73 |
| Rapport du nombre des places occupées à celui des places disponibles : | | |
| Pour la 1ʳᵉ classe. | 0,41 | |
| — la 2ᵉ classe. | 0,44 | |
| — la 3ᵉ classe. | 0,59 | |
| — les trois ensemble. | 0,43 | |

Sur le Metropolitan, les trains se succèdent à des intervalles de 3 minutes pendant la plus grande partie de la journée.

Au point où les six voies qui sortent de la station de Cannon Street se partagent en deux faisceaux de trois voies chacun, dont l'un se dirige vers Charing Cross et l'autre vers la station du London Bridge, il passe près de 600 trains par jour.

Le Board of Trade recommande aux Compagnies, savoir :

1° De placer à l'arrière de chaque train, quel qu'il soit, un véhicule à frein muni des saillies vitrées dont nous avons parlé ;

2° De placer dans un train de voyageurs au moins un véhicule à frein par trois ou quatre voitures, condition à laquelle on peut économiquement satisfaire avec des appareils qu'une manœuvre unique fait agir sur plusieurs wagons à la fois (ce que les Anglais appellent des freins *continus*). Sur les fortes pentes et avec des trains de grande vitesse, la puissance des freins doit être augmentée.

Il y avait longtemps que les voyageurs de $2^e$ classe étaient admis en Angleterre dans tous les trains (sauf de très-rares exceptions). Un fait assez récent (car il ne date que de 1872), c'est l'admission de la $3^e$ classe dans les express ou du moins dans la plupart d'entre eux. Le fait étant connu, nous ne nous sommes attaché qu'à rechercher les exceptions qu'il présente encore: *Admission des voyageurs de $3^e$ classe dans les trains express.*

Les deux compagnies du London-Chatham et du South Eastern ont conservé des trains où la $3^e$ classe n'est pas admise. *London-Chatham et South Eastern.*

La compagnie de Brighton a d'abord 4 trains qui ne contiennent que des voyageurs de $1^{re}$ classe, savoir : *London-Brighton.*

1° 3 trains réguliers, dont l'un part à 8 heures 45 minutes du matin de Brighton pour Londres et les deux autres de Londres pour Brighton à 5 heures et 6 heures du soir ;

2° 1 train du samedi seulement, partant à 9 heures 30 minutes du soir de Brighton pour Londres.

La même compagnie a plusieurs trains de $1^{re}$ et de $2^e$ classe seulement. Enfin elle en a par exception pour la $1^{re}$ et la $3^e$ classe seulement, savoir :

1° Pendant l'été, des trains de plaisir (*excursion trains*) ;

2° Régulièrement, sur l'*East London* [1].

Great Western.

Sur le Great Western, le seul train qui ne contienne que des voitures de 1<sup>re</sup> classe est celui qu'on nomme le *Limited Mail*, lequel est spécialement affecté au transport des dépêches et n'emmène une voiture à voyageurs que par permission du Directeur général des postes.

On a conservé 7 trains par jour pour la 1<sup>re</sup> et la 2<sup>e</sup> classe seulement ; trois de ces trains partent de Londres (Paddington) et quatre de Bristol.

London<br>and North Western.

Sur le London and North Western, la 3<sup>e</sup> classe est admise dans tous les trains, à l'exception des suivants :

1° La malle d'Écosse ;

2° Les malles d'Irlande ;

3° L'express qui part d'*Euston-Station* à 10 heures du matin ;

4° Les trains de banlieue qui circulent pour le compte de la Compagnie entre Broad-Street et Mansion-House (par Willesden Junction et Brompton).

Midland.

Le Midland est la première des grandes Compagnies qui ait systématiquement admis, dans tous les trains, des voyageurs de 3<sup>e</sup> classe, et ses affiches de service l'annoncent encore d'une façon très-ostensible en grandes lignes diagonales :
*Third class tickets are issued by all Midland trains.*

Les express de cette compagnie contiennent rarement moins de 10 voitures ou plus de 15. Quand il y en a plus de 15, on attelle deux machines.

Great Northern<br>et North Eastern.

Le Great Northern et le North Eastern admettent des voyageurs de 3<sup>e</sup> classe dans tous leurs trains, à l'exception de quatre trains qui circulent journellement

---

[1] L'*East London Railway* est une ligne de 5 kilomètres de longueur qui part de la rive nord de la Tamise, près des docks, à 3 kilomètres à l'est du *pont de Londres*, et se dirige vers le sud en passant par le fameux tunnel.

Ce grand ouvrage, qui a été exécuté en deux périodes (1825-1828 et 1835-1843), avait été suspendu en 1828 faute de fonds, après la seconde des cinq irruptions du fleuve, les actionnaires étant découragés. Il fut repris en 1835, grâce à un prêt que fit le gouvernement à la compagnie concessionnaire, et livré à la circulation des piétons le 25 mars 1843. Mais, inaccessible aux voitures, il ne fut guère jusqu'en 1865 qu'un objet de curiosité pour les étrangers. La compagnie de l'*East London* l'acheta alors et y posa des rails, réalisant ainsi bien tard, mais plus complètement, le programme qu'avait en vue la société constituée en 1824.

Le tunnel présente deux ouvertures de 4<sup>m</sup>,27 de largeur et 5<sup>m</sup>,18 de hauteur, ménagées dans un massif rectangulaire de briques, qui a 11<sup>m</sup>,44 de large et 6<sup>m</sup>,75 de haut : dimensions transversales de l'appareil de soutènement mobile que sir Isambard Brunel appela « *le bouclier.* »

On a construit bien des tunnels depuis lors ; mais, laissant de côté le mont Cenis, où les obstacles étaient d'un autre genre, on n'en a pas construit d'aussi difficile que celui de la Tamise ; et, aujourd'hui encore, le récit des péripéties émouvantes par lesquelles le travail a passé présente le plus vif intérêt.

entre Londres et Edimbourg et entre Londres et Scarborough, deux dans un sens et deux dans l'autre.

Telles sont à peu près les seules restrictions que comporte encore l'admission des trois classes de voyageurs dans tous les trains.

Les Anglais attachent beaucoup de prix à ne pas changer de voiture à la bifurcation des lignes, et les Compagnies font les plus grands efforts pour satisfaire à ce goût du public. Il ne saurait cependant y avoir des wagons directs (*through carriages*) pour tous les embranchements. Pour donner une idée de ce qui se pratique, nous ne pouvons que citer des exemples, en demandant qu'on veuille bien les suivre sur la carte. *Wagons directs*

Supposons qu'on parte de Londres : *Great Western.*

1° De Londres à Oxford. — Cinq trains par jour, dans chaque sens, ont des voitures directes ;

2° De Reading à Newbury, Hungerford et Devizes. — Ceci pourrait être considéré comme une seconde ligne principale. Cependant il n'y a que deux trains dans chaque sens ayant des voitures directes, tandis qu'il y en a quatre dans chaque sens pour lesquels on change de voiture à Reading ;

3° Basingstoke. — Cet embranchement, beaucoup plus court, n'a qu'un train direct dans chaque sens. Il y a transbordement pour tous les autres ;

4° De Swindon à Stroud et Glocester. — Il y a dans chaque sens quatre trains directs et quatre autres ;

5° De Chippenham à Yeovil et Weymouth. — Trois trains descendants et deux montants sont directs. Deux autres trains (dans chaque sens) comportent un transbordement ;

6° Les trois embranchements de Salisbury, de Wells et de Bridport, soudés sur la ligne qui vient d'être mentionnée, sont dépourvus de wagons directs ;

7° Il en est de même de presque tous les embranchements qui sillonnent la région houillère de la partie sud du Pays de Galles. Cependant l'importante ville de Swansea a deux trains directs dans chaque sens ;

8° Entre Hereford et Londres il y a journellement neuf trains directs : quatre montants et cinq descendants. Il y a en outre deux trains indirects. Hereford est un point de réunion de trains venant soit de Liverpool, Birkenhead et Chester, soit du nord et du centre du Pays de Galles.

9° Pour les embranchements de Minsterley et Welshpool, on change toujours à Shrewsbury. La station de Shrewsbury est l'une des plus affairées que nous ayons eu occasion de voir, à cause du grand nombre de trains qui en partent ou y aboutissent ;

10° Pour l'embranchement de Dolgelly, les voyageurs partis de Birkenhead, comme ceux partis de Londres, changent toujours à Ruabon.

London and North Western.

On peut dire en termes généraux que le London and North Western place des wagons directs dans certains trains, au départ de certains grands centres de population, pour certaines stations dont quelques-unes sont situées en dehors du Réseau et dont le nombre varie avec les saisons. Nous citons comme exemples les parcours qui ont pour points de départ Londres, Manchester et Liverpool.

1° De Londres pour :

St. Albans, viâ Watford Junction,
Northampton, viâ Blisworth,
Leamington, viâ Rugby,
Wolverhampton, viâ Rugby,
Abergavenny, viâ Stafford, Shrewsbury et Hereford,
Carmarthen, viâ Stafford, Shrewsbury et Craven Arms,
Aberyswith, viâ Stafford, Shrewsbury et Welshpool,
(Ces trois grands circuits méritent d'être remarqués.)
Holyhead, viâ Crewe et Chester,
Llandudno, viâ Crewe, Chester et Llandudno Junction,
Liverpool, viâ Crewe et Runcorn Bridge,
Liverpool, viâ Crewe, Warrington et St. Helens Junction,
Manchester, viâ Crewe et Stockport,
Manchester, viâ Colwich, Stoke et Macclesfield,
Birkenhead, viâ Crewe et Chester,
Rochdale, viâ Crewe, Stockport, Ashton et Oldham,
Southport, viâ Crewe, Warrington et Wigan,
Fleetwood, viâ Crewe, Warrington, Wigan et Preston,
Windermere, viâ Crewe, Warrington, Wigan et Oxenholme Junction,
Edinburgh, viâ Crewe, Warrington, Carlisle et Carstairs,
Glasgow, viâ Carlisle, Carstairs, Motherwell, Coatbridge, Perth et Torfar,
Inverness, viâ Carlisle, Perth, Stanley Junction, Kingussie et Forres.

2° De Manchester pour :

Aberystwith, viâ Crewe, Whitchurch et Oswestry,
Harrogate, viâ Leeds,

Scarboro', viâ Leeds et York,
Newcastle-on-Tyne, viâ Leeds et York,
Glasgow,         } viâ Ordsall Lane, Worsley, Wigan, Carlisle et Carstairs,
Edinburgh,       }
Leicester, viâ Stockport, Crewe et Nuncaton.

3° De Liverpool pour :

Pembroke Docks, viâ Crewe et Shrewsbury,
Llandrindod Wells, viâ Carmarthen et Teuby,
Swansea, viâ Crewe et Llandrindod,
Derby, viâ Crewe et Stoke,
Cardiff, viâ Crewe et Abergavenny Junction,
Leicester, viâ Crewe et Nuncaton,
Glasgow,        } viâ Wigan, Carlisle et Carstairs,
Edinburgh,      }
Newcastle-on-Tyne, viâ Manchester, Leeds et York,
Birmingham, viâ Crewe, Stafford et Wolverhampton,
Bristol, viâ Birmingham et Gloucester.


Ces wagons directs sont souvent une charge onéreuse, mais qui s'atténue par l'emploi des voitures mixtes.

Nous croyons devoir appeler spécialemént l'attention sur l'importance crois-sante que les Compagnies anglaises attachent au transport des voyageurs de 3ᵉ classe.



La partie de la population qui alimente la 1ʳᵉ et la 2ᵉ classe semble avoir dès à présent donné aux chemins de fer ce qu'ils peuvent en attendre, et elle est sur-abondamment desservie en Angleterre ; il y a tant de places vides dans les voi-tures, et l'on obtiendrait une simplification si grande en réduisant les deux premières classes à une seule, que de bons esprits ont sérieusement posé la question de cette importante modification.

Mais, en ce qui concerne la 3ᵉ classe, on est convaincu que la masse où elle se recrute n'a pas, à beaucoup près, été exploitée comme elle peut et doit l'être. C'est de la catégorie des petites gens qu'on attend désormais les grandes aug-mentations de recettes, et les Compagnies anglaises travaillent résolûment à en hâter la réalisation.

L'admission des voyageurs de 3ᵉ classe au double bénéfice de la grande vitesse et des wagons directs est une amélioration très-importante, bien qu'un peu

amoindrie par les prix plus élevés que plusieurs Compagnies font payer aux
voyageurs des trois classes dans les trains express.

D'autres améliorations ont été réalisées dans la construction des wagons. Les
voitures de la 3ᵉ classe participent à l'exhaussement dont nous avons parlé.
Construites comme les autres en bois de *teak* sur la plupart des lignes, elles ont
la même couleur rougeâtre, intermédiaire entre le chêne et l'acajou. Dans les
voitures mixtes, les compartiments de 3ᵉ classe ont le même aspect extérieur que
les autres, quant à la forme et aux dimensions des fenêtres. Sur le North Western,
les voitures de 3ᵉ classe ont un compartiment spécial pour les fumeurs, et l'on
sait qu'en Angleterre l'interdiction de fumer ailleurs que dans les compartiments
spéciaux n'est pas une lettre morte. Sur le Midland et sur le Caledonian, les trains
de grande ligne ont, durant les mois d'hiver, des chaufferettes pour les voyageurs
des trois classes. Ce sont là des égards que la 3ᵉ classe apprécie et qui paraissent
devoir sûrement tourner au profit des Compagnies.

En 1844, les voyageurs de 3ᵉ classe formaient un tiers du nombre total des
voyageurs de l'Angleterre et du Pays de Galles, et ils entraient pour un huitième
dans la recette. En 1870, ils formaient les deux tiers du nombre total, lequel
était de 300 millions, et ils entraient pour près de moitié dans la recette, laquelle
était de 360 millions de francs environ. La grande mesure inaugurée en 1872 a
donné une impulsion décisive à cet accroissement.

Grandes vitesses.     Sur les deux lignes de Londres à Douvres, sur le Great Northern entre Londres
et Peterborough, et sur le Great Western entre Londres et Exeter, il y a des trains
marchant à une vitesse moyenne de 80 à 85 kilomètres. On parcourt d'ailleurs
sans arrêt les 122 kilomètres de Londres à Douvres, de Londres à Peterborough
et de Bristol à Exeter.

Sur le Caledonian, le train-poste parcourt (sans arrêt) à la vitesse de 75 kilomètres les 118 kilomètres compris entre Carlisle et Carstairs.

Sur le Highland, la vitesse du train-poste est de 43 kilomètres en moyenne ;
mais elle atteint 56 kilomètres.

Sur le Metropolitan, la vitesse n'excède pas 24 kilomètres en moyenne ; mais
elle atteint 35 milles ou 56 kilomètres.

La grande vitesse est très-goûtée en Angleterre, et c'est un des éléments sur lesquels s'est le plus exercée la concurrence des Compagnies. Mais il paraît qu'elle occasionne beaucoup d'accidents par suite de la précipitation qu'elle imprime à certaines manœuvres de gares et des imprudences de détail qu'elle fait parfois commettre aux agents même les plus consciencieux.


### III. — PRIX DES PLACES.


Les prix kilométriques décroissent avec la distance dans des proportions variables. En Angleterre, ils paraissent varier, savoir :

> Entre 14 et 17 centimes pour la 1^re classe,
> Entre 10 et 13 centimes pour la 2^e classe,
> Entre 4 et 8 centimes pour la 3^e classe.

En Écosse, les prix semblent être à peu près les mêmes qu'en France.

Les enfants payent demi-place de trois à *douze* ans.

Sur un certain nombre de lignes, les prix sont plus élevés par les trains express que par les autres. 

Sur le réseau du London and North Western, les prix des places sont les mêmes par tous les trains, à l'exception des deux *limited mails* d'Irlande et d'Écosse. Nous allons entrer dans quelques détails sur chacun de ces deux trains. 

La *malle d'Irlande* ne prend de voyageurs, savoir :

1° A Londres, que pour Chester, Holyhead et l'Irlande ;

2° Aux autres stations où elle s'arrête, que pour l'Irlande.

Voici les différents prix payés :

| PRIX DE LONDRES POUR | LIMITED MAILS | | | | TRAINS ORDINAIRES | | | |
|---|---|---|---|---|---|---|---|---|
| | TRAJET SIMPLE | | ALLER ET RETOUR | | TRAJET SIMPLE | | ALLER ET RETOUR | |
| | 1^re CLASSE | 2^e CLASSE | 1^re CLASSE | 2^e CLASSE | 1^re CLASSE | 2^e CLASSE | 1^re CLASSE | 2^e CLASSE |
| | Francs | Francs | Francs | Francs | Francs | Francs | Francs | Francs |
| Chester. . . . . . . . . . . . | 50,63 | 41,25 | 84,38 | 68,75 | 58,75 | 28,75 | 64,69 | 48,13 |
| Holyhead (423 kil.). . . . . . . . | 75,00 | 53,75 | 125,00 | 88,44 | 58,54 | 44,17 | 97,81 | 73,75 |
| Dublin (par tous les trains). . . . | . . . . . . | . . . . . . | . . . . . | . . . . . . | 78,13 | 56,88 | 130,94 | 95,31 |

La *malle d'Écosse* ne prend de voyageurs à Londres que pour l'Écosse. Mais, au retour, elle prend des voyageurs aux stations intermédiaires *quand il y a place.* — (On voudra bien remarquer en passant cette admission éventuelle).

Les prix sont les mêmes par tous les trains, savoir :

1° De Londres pour l'Écosse ;

2° De Preston et des stations situées plus au nord, pour Londres.

Mais, des stations situées au sud de Preston, les prix sont plus élevés par la *limited mail* ; en voici quelques-uns :

| PRIX POUR LONDRES DE | LIMITED MAILS | | TRAINS ORDINAIRES | |
|---|---|---|---|---|
| | 1<sup>re</sup> CLASSE | 2<sup>e</sup> CLASSE | 1<sup>re</sup> CLASSE | 2<sup>e</sup> CLASSE |
| | Francs | Francs | Francs | Francs |
| Stafford. . . . . . . . . . . . . . . . . . . . . | 38,13 | 31,25 | 29,38 | 21,88 |
| Rugby . . . . . . . . . . . . . . . . . . . . . | 23,13 | 19,38 | 19,38 | 14,58 |
| Warrington . . . . . . . . . . . . . . . . . . | 52,50 | 41,88 | 40,00 | 30,00 |
| Crewe. . . . . . . . . . . . . . . . . . . . . | 45,00 | 36,88 | 34,69 | 25,94 |

2° Great Western.

Sur le réseau du Great Western, on paye généralement plus cher par les trains express que par les trains ordinaires. Voici, par exemple, trois prix comparatifs :

| PRIX DE NEWPORT POUR | TRAINS ORDINAIRES | EXPRESS | PROPORTION POUR 100 EN SUS. |
|---|---|---|---|
| | Francs | Francs | |
| Milford. . . . . . . . . . . . . . . . . . . . . | 30,62 | 35,62 | 16 |
| Cardiff. . . . . . . . . . . . . . . . . . . . . | 3,12 | 3,75 | 20 |
| Swansea . . . . . . . . . . . . . . . . . . . . | 13,75 | 16,87 | 23 |

3° Great Northern.

Le *Great Northern* a récemment renoncé à faire payer des prix plus élevés pour les trains express.

Trains du Parlement.

En exécution d'une loi du 9 août 1844, tous les chemins de fer à voyageurs, c'est-à-dire ceux dont $\frac{1}{3}$ au moins des recettes brutes provient des voyageurs, sont tenus d'avoir chaque jour un train parcourant la ligne d'un bout à l'autre, s'arrêtant à toutes les stations et transportant des voyageurs de 3<sup>e</sup> classe à un prix qui ne dépasse pas un penny par mille (0ᶠ,065 par kilomètre). La vitesse doit être d'au moins 19 kilomètres à l'heure. — L'impôt de 5 p. 100, que le gouvernement perçoit sur les recettes des autres trains de voyageurs, n'est pas applicable à ces « *Parliamentary trains* ».

Les compagnies avaient prétendu étendre l'exemption d'impôt aux trains de plaisir, pour lesquels elles font payer moins d'un penny par mille. Mais un acte du Parlement de 1863 spécifia qu'elle devait être restreinte aux trains circulant pendant six jours de la semaine, aux trains *de marchés* et aux trains *du dimanche*, les trains de ces deux dernières catégories devant d'ailleurs être reconnus comme tels et approuvés par le Board of Trade.

Une particularité saillante du service des voyageurs, c'est la grande extension donnée au système des billets d'aller et retour.

Généralement, ces billets sont réservés aux voyageurs de 1ʳᵉ ou de 2ᵉ classe. Toutefois le *North Eastern*, le *Caledonian* et d'autres peut-être en donnent aux voyageurs de 3ᵉ classe.

Vingt-six villes desservies par le réseau du *London and North Western* sont reliées chacune à 134 stations par des billets d'aller et retour. La plupart des stations du *Midland* et du *Great Northern* ont le même avantage.

Sur le Great Northern, le prix du billet double est d'environ 1 ⅗ du billet simple, plus une fraction de 3 pence (0ᶠ,31), c'est-à-dire que la réduction est de ⅛ environ. Elle paraît être à peu près la même sur les autres réseaux.

Le délai pendant lequel le billet est valable augmente avec la distance. L'échelle généralement adoptée est celle-ci :

Jusqu'à  50 milles [ 80 kil.]. . . . . . . . . . 1 jour.
  —  125  — [201 kil.]. . . . . . . . . . 2 —
  —  200  — [322 kil.]. . . : . . . . . . 3 —
  —  300  — [483 kil.]. . . . . . . . . . 4 —
  —  400  — [644 kil.]. . . . . . . . . . 5 —

Le dimanche ne compte pas si le délai ne dépasse pas trois jours. De plus, quand les billets valables pour un seul jour ont été pris le samedi, le retour peut ne s'effectuer que le lundi, le lundi jusqu'à minuit.

Quoique l'usage anglais de subordonner la longueur du délai à celle du parcours soit bien simple et bien naturel, il peut n'être pas inutile de le faire remarquer en passant.

Au nombre des facilités accordées aux voyageurs par suite d'arrangements spéciaux, nous signalerons encore la suivante. Les voyageurs qui, munis de *billets de touristes*, désirent séjourner dans quelqu'un des endroits indiqués sur ces billets au delà du terme convenu, peuvent le faire en payant 10 p. 100 sur le prix du billet pour la première quinzaine ou fraction de quinzaine et 5 p. 100 pour chacune des semaines suivantes.

Le public anglais est sensible à ces accommodements, à ces petites concessions des compagnies qui, dans l'interprétation bienveillante qu'elle donnent à des points douteux, semblent s'attacher à dissimuler leur puissance réelle.

## § III. — SERVICE DES MARCHANDISES.

### I. — LES GARES ET LE TRANSPORT.

Gares à deux étages.<br>Manutention<br>des marchandises.

La valeur élevée des terrains qu'il faut acquérir au milieu des grandes villes pour y installer les stations de voyageurs conduit naturellement à en séparer les gares de marchandises. Cependant le dessous de ces stations, qui sont presque toujours en remblai, est un emplacement disponible, participant à l'avantage de la position centrale, et qu'il est dès lors naturel d'utiliser. Les camions arrivent par les rues avoisinantes sous les arches du viaduc. Du reste, l'obligation de monter ou de descendre toutes les marchandises en rend la manutention très-coûteuse : c'est un inconvénient auquel on se résigne et qu'on atténue d'ailleurs par l'emploi de machines très-perfectionnées.

Comme exemples, nous citerons : la gare que la compagnie du London-Chatham est présentement en train d'agrandir à l'extrémité sud de son pont d'Alexandra, celle du Midland à Saint-Pancras et celle du North Eastern à Newcastle.

Un fait nous a frappé dans ces gares à deux étages, comme dans les autres, comme aussi dans plusieurs ports et grandes usines de l'Angleterre, c'est la multiplicité des emplois de l'accumulateur Armstrong. Ce magnifique instrument est bien connu en France et il y a reçu un certain nombre d'applications ; cependant nous doutons qu'on en ait tiré tout le parti qu'il comporte.

On voit rarement des chevaux sous les halles des grandes gares de marchandises, sur les voies qui en découpent et séparent les terre-pleins. Des cabestans ou treuils verticaux se mettent à tourner lentement autour de leur axe quand l'homme qui dirige chacun d'eux appuie du pied sur un large bouton plat, à peine saillant sur le niveau du quai ; une corde enroulée de deux tours attire à elle les wagons auxquels son extrémité libre est fixée ; cette corde est munie d'une boucle qu'on accroche à une boîte à graisse, à un longeron saillant, à n'importe quoi. Les wagons se meuvent sur les rails, et l'on voit si peu de monde à l'entour qu'ils semblent obéir à la parole [1].

Veut-on transférer un wagon d'une voie sur une autre parallèle ? Au lieu de deux plaques tournantes, on a un chariot qui se meut transversalement, les cordes qui le tirent s'y attachant par-dessous ou mieux latéralement.

Le même moteur s'applique à la manœuvre des grands ponts tournants et des grandes portes d'écluses.

Dans les grues disséminées sur les terre-pleins des gares ou le long des quais d'un canal ou d'un port, il y a double mouvement de rotation et de levage. Le cylindre plongeur se loge souvent dans le mât même de la grue, de sorte qu'il ne tient pas de place. Les colis s'enlèvent du wagon et se déposent sur le terre-plein ou parfois descendent par une trappe dans des celliers inférieurs. A la station de Newcastle, on ne met qu'une minute moyennement pour faire passer une tonne de bière du wagon dans le cellier. A la gare de Saint-Pancras, le mouvement de rotation de la grue se limite de lui-même par la fermeture automatique du robinet d'introduction de l'eau. Le fonctionnement silencieux de la pression hydraulique joint à d'autres avantages celui de ne gêner en rien les communications verbales qui s'échangent entre les agents du service.

---

[1] La même économie de main-d'œuvre se remarque en dehors des halles, mais sans s'expliquer d'une manière aussi satisfaisante. Les wagons sont manœuvrés avec une précipitation brutale sur les voies de formation des trains. Dans ces chocs violents, si funestes à la conservation du matériel, se préparent sans doute beaucoup de ruptures d'essieux, de ressorts et de bandages de roues, accidents qui sont bien plus fréquents en Angleterre qu'en France.

S'agit-il uniquement de lever des fardeaux?

La compagnie du London and North Western, qui a une gare à *Broad Street*
en contre-bas de la ligne du *North London*, descend ou élève ses wagons avec
leur chargement. — La même opération s'applique *a fortiori* aux marchandises
elles-mêmes, à celles qu'on envoie d'un étage à l'autre des gares du London-
Chatham et du Midland. — Le même moteur sert aussi, à la station de Saint-
Pancras, pour constituer entre deux quais un pont momentané : une portion
planchéiée du sol se soulève, on la cale pour ne pas soumettre inutilement à une
trop rude épreuve le support hydraulique, et des fardeaux quelconques peuvent
passer alors de plain-pied d'un quai à l'autre.

Au port de Birkenhead, on manœuvre ainsi, jusqu'à 1.600 mètres de distance,
les vannes des grands aqueducs de vidange ménagées dans l'axe des bajoyers
d'écluses. La perte de charge due au frottement de l'eau dans les conduites est
insensible.

Nous ne citerions pas l'ascenseur du grand hôtel de Liverpool. Mais nous y
joindrons celui qui, dans la même ville, sert matin et soir à transporter du rez-
de-chaussée de la Banque dans les caves les espèces métalliques et les livres,
opération pour laquelle on hésiterait à réclamer le dangereux secours d'une
pompe à feu. — Du reste, à la Banque et à l'hôtel, établissements isolés et où la
force requise est peu considérable, on n'a pas établi d'accumulateurs : on utilise
simplement la pression des réservoirs municipaux. (On pourrait en faire autant
à Paris.)

A Goole, le charbon arrive par un canal dans des caisses flottantes en tôle
de 6 mètres de longueur, $4^m,42$ de largeur moyenne et $2^m,16$ de profondeur,
ingénieusement assemblées en un train articulé qu'un remorqueur fait mouvoir.
Il s'agit de transborder le charbon, de le faire passer dans des navires. Or les
rives de l'Ouse et de l'Humber, au nord comme au midi, sont basses et plates
à perte de vue. Les caisses flottantes viennent se placer successivement dans une
cage, où un gril les soulève d'abord à 6 mètres environ de hauteur ; là elles
basculent, toujours par l'impulsion du moteur hydraulique, et le contenu se
vide sur une glissière qui aboutit au navire. Une portière modère la vitesse de
chute et prévient la pulvérisation des morceaux. C'est là un important appareil,

dont la Compagnie de l'*Aire and Calder Navigation* se loue beaucoup, et qu'on
ne peut voir fonctionner qu'à Goole.

Nous citerons encore l'emploi de l'accumulateur dans les machines à essayer
les chaînes et les ancres ; et il se peut très-bien que nous n'ayons pas tout vu.
Mais, nous le répétons, ce qui nous a frappé ici, c'est bien moins une conception
théorique connue que les applications courantes, usuelles, universelles, qu'on
en fait.

Les Compagnies transportent tantôt de gare à gare, tantôt du domicile de
l'expéditeur à celui du destinataire. Dans ce dernier cas, elles camionnent au
départ et à l'arrivée. Dans le premier, les wagons sont toujours déchargés sans
retard. Ce n'est pas qu'il y ait pour les Compagnies anglaises, comme pour les
nôtres, obligation de livrer les marchandises dans un délai déterminé : elles
sont seulement tenues de le faire dans un délai *raisonnable*, expression qui reste
à interpréter dans chaque cas. Mais elles tiennent à débarrasser leur matériel et
leurs voies de garage. Pour la houille par exemple, aux gares du Great Eastern,
si les wagons appartiennent aux particuliers, il faut qu'ils soient déchargés dans
les deux jours qui suivent l'arrivée ; passé ce délai, la Compagnie fait payer
1$^f$,25 par wagon et par jour. Si les wagons appartiennent à la Compagnie, c'est
le lendemain de l'arrivée que le destinataire doit prendre livraison : faute de
quoi, il paye 5$^f$,75 par wagon et par jour.

Nous avons demandé s'il était vrai que les marchandises fussent presque
toujours expédiées le jour même de la remise ; on nous a répondu affirmative-
ment, et nous n'avons rien aperçu qui nous en fasse douter. Indépendamment
de la rapidité que les engins mécaniques permettent de donner aux deux opérations du chargement et du déchargement, il est probable que les wagons ne sont
que partiellement remplis et les locomotives partiellement chargées. On doit être
d'ailleurs peu tenté de laisser des trains pareils s'attarder en route : le matériel
roulant n'y suffirait pas. Aussi voit-on des trains de marchandises s'arrêter trois
ou quatre fois seulement entre Manchester et Londres, c'est-à-dire marcher à la
vitesse des trains de voyageurs.

Il y a là, on le voit, une situation très-différente de celle qui existe en France.
Les gares ne servent pas d'entrepôts ; c'est une grande facilité de moins pour le

commerce, mais on l'en dédommage par la célérité des transports. Le commerce français accepterait-il toujours cet équivalent? Ce n'est pas bien sûr, et l'on peut en douter au moins pour certains commerçants qui ont peu de capitaux. D'ailleurs les Compagnies ne peuvent évidemment transporter tant de poids mort et à une aussi grande vitesse sans élever leurs prix. C'est avec ces restrictions qu'il faut envier aux Anglais l'étonnante rapidité du service de leurs marchandises.

Au 30 juin 1872, le matériel roulant employé sur les chemins de fer d'Angleterre et d'Écosse se résumait ainsi qu'il suit :

*Capacité du matériel roulant.*

| | |
|---|---|
| Locomotives. . . . . . . . . . . . . . . . . . . . . | 9.809 |
| Voitures à voyageurs et véhicules auxiliaires. . . . . . . | 29.351 |
| Wagons à marchandises. . . . . . . . . . . . . . . . | 254.710 |
| Total. . . . . . . . . . | 295.870 |

Le poids que peuvent porter les wagons à marchandises varie entre 1 et 40 tonnes. Le tiers environ est fait pour porter 6 tonnes.

Tous les détails de cette statistique spéciale sont tenus constamment à jour par une Société d'ingénieurs qui s'est constituée militairement en un corps de *volontaires* pour le service éventuel des voies ferrées. Les éléments en sont fournis par les diverses Compagnies. On n'y comprend pas d'ailleurs les nombreux wagons qui appartiennent à des particuliers ou à des Compagnies autres que celles des chemins de fer.

On ne nous a cité qu'une seule localité, le port de Hull, où il y ait parfois insuffisance de matériel. Le fait se produirait habituellement en Janvier et Février, par suite d'arrivages plus forts du Continent, et se serait accentué en 1873. Mais il n'y a pas là d'inconvénient dont on paraisse se préoccuper. Les Compagnies n'immobilisant ni dans les gares de départ ou d'arrivée, ni aux points de jonction des lignes, leurs wagons plus ou moins chargés, l'insuffisance du matériel est peu à craindre.

## II. — TARIFS.

Les tarifs maxima fixés par les actes de concession ne sont pas les mêmes Bases des tarifs. pour toutes les Compagnies. Leur valeur moyenne, par tonne et par kilomètre, paraît pouvoir être approximativement indiquée ainsi qu'il suit :

| | |
|---|---|
| Engrais. . . . . . . . . . . . . . . . . . . . . . | 9 centimes. |
| Houille, pierres. . . . . . . . . . . . . . . . . . | 16 — |
| Céréales. . . . . . . . . . . . . . . . . . . . . . | 22 — |
| Coton, objets manufacturés. . . . . . . . . . . . | 28 — |

Mais des prix pareils peuvent être considérés comme inapplicables; ce sont des limites qui n'entravent en rien les Compagnies : c'est par d'autres considérations qu'elles établissent leurs tarifs.

La première règle consacrée par l'usage en Angleterre pour le transport des marchandises, bien plus encore que pour celui des voyageurs, c'est que le prix doit croître dans une proportion moins rapide que la distance.

La seconde, c'est que, pour des transports à opérer entre deux points donnés, il faut distinguer des prix *ordinaires* et des prix *spéciaux*, c'est-à-dire réduits en raison de circonstances qui réduisent *le prix de revient*.

Enfin la concurrence d'une ligne véritablement rivale, telle que la voie maritime, oblige à faire des concessions encore plus considérables.

De là des prix très-différents, dont les quatre tableaux suivants fournissent de nombreux exemples :

## EXPLOITATION

### 1° EXEMPLES DE RÉDUCTIONS APPORTÉES AU TARIF KILOMÉTRIQUE.

| DISTANCES EN KILOM. | NATURE DES MARCHANDISES. | PRIX CALCULÉS DANS L'HYPOTHÈSE DE L'UNIFORMITÉ KILOMÉTRIQUE. | PRIX APPLIQUÉS | | OBSERVATIONS. |
|---|---|---|---|---|---|
| | | | PRIX ORDINAIRES. | PRIX SPÉCIAUX. | |
| | | Francs | Francs | Francs | |
| 192 | Sucre brut. | 30,21 | 28,12 | 16,67 | On suppose la marchandise livrée en lots de 10 tonnes. |
| 192 | Sel ammoniac. | 37,50 | 34,37 | 15,62 | De gare à gare. |
| 192 | Suif. | 30,21 | 28,12 | 18,75 | Camionné au départ et à l'arrivée. |
| 274 | Plaques de fer-blanc. | 35,42 | 31,25 | 14,17 | |
| 274 | Lard. | 43,75 | 37,50 | 22,92 | De gare à gare. |
| 274 | Savon, riz, suif. | 35,42 | 31,25 | 22,92 | Id. |
| 167 | Fer susceptible d'être endommagé. | 25,00 | 20,83 | 13,54 | Id. |
| 187 | Espars. | 27,08 | 20,83 | 16,67 | Id. |
| 235 | Cuivre. | 39,58 | 50,21 | 20,83 | Camionné au départ et à l'arrivée. |
| 235 | Huîtres. | 60,42 | 50,00 | 35,42 | Id.    Id. |
| 383 | Coton. | 46,87 | 43,75 | 27,08 | De gare à gare. |
| 383 | Café. | 58,33 | 55,12 | 37,50 | Id. |
| 383 | Lard | | 55,12 | 37,50 | Id. |
| 383 | Balles, paquets et boîtes pour embarquement. | 88,54 | 62,50 | 40,00 | Id. |
| 45 | Fils de fer non susceptibles d'être endommagés. | 12,50 | 12,50 | 8,33 | |
| 68 | Tuyaux de plomb. | 18,15 | 18,75 | 12,50 | Id. |
| 156 | | 38,54 | 30,21 | 27,08 | |
| 156 | Savon. | 23,96 | 21,87 | 19,79 | |
| 157 | | 26,04 | 26,04 | 22,92 | Camionné au départ et à l'arrivée. |

### 2° ÉCHELLE APPROXIMATIVE DE PRIX APPLIQUÉS AU TRAFIC LOCAL,
### QUAND IL N'EXISTE PAS DE CIRCONSTANCES SPÉCIALES TENDANT A LES FAIRE BAISSER.

| DISTANCES. | CLASSE SPÉCIALE. | 1ʳᵉ | 2ᵉ | 3ᵉ | 4ᵉ | 5ᵉ |
|---|---|---|---|---|---|---|
| | Francs. | Francs. | Francs. | Francs. | Francs. | Francs. |
| Jusqu'à 32 kilomètres. | 4,68 | 12,50 | 14,58 | 17,71 | 22,92 | 28,12 |
| De 34 à 48 kilomètres | 9,37 | 15,62 | 18,75 | 22,92 | 28,12 | 34,37 |
| De 50 à 64 — | 10,42 | 18,75 | 21,87 | 25,00 | 31,25 | 37,50 |
| De 66 à 80 — | 11,46 | 19,79 | 23,96 | 29,17 | 35,42 | 43,75 |
| De 82 à 121 — | 13,54 | 22,92 | 28,12 | 34,37 | 40,62 | 50,00 |
| De 122 à 161 — | 16,68 | 27,08 | 35,33 | 40,62 | 46,87 | 99,07 |
| De 163 à 193 — | 18,75 | 34,37 | 41,67 | 50,00 | 62,50 | 68,75 |
| De 195 à 241 — | 22,92 | 35,42 | 44,79 | 56,25 | 65,62 | 71,87 |
| De 243 à 274 — | 27,08 | 36,46 | 46,87 | 59,37 | 68,75 | 75,00 |
| De 275 à 322 — | 31,25 | 37,50 | 53,12 | 62,50 | 75,00 | 100,00 |

3° EXEMPLES DE PRIX APPLIQUÉS A DES TRANSPORTS FAITS EN CONCURRENCE
AVEC D'AUTRES CHEMINS DE FER OU DES CANAUX PARALLÈLES.

| DISTANCES. | CLASSE SPÉCIALE. | 1re | 2e | 3e | 4e | 5e |
|---|---|---|---|---|---|---|
| | Francs. | Francs. | Francs. | Francs. | Francs. | Francs. |
| Jusqu'à 52 kilomètres. . | 7,29 | 10,42 | 12,50 | 15,62 | 24,37 | 51,25 |
| De 54 à 48 kilomètres | 9,37 | 13,54 | 15,62 | 18,75 | 25,00 | 37,50 |
| De 50 à 64 — | 5,21 | 10,42 | 12,50 | 15,62 | 25,00 | 37,50 |
| De 66 à 80 — | 9,37 | 18,75 | 21,87 | 22,92 | 31,25 | 41,67 |
| De 82 à 121 — | 16,67 | 26,04 | 29,17 | 34,37 | 46,87 | 59,37 |
| De 122 à 161 — | 12,50 | 20,83 | 27,08 | 31,25 | 43,75 | 75,00 |
| De 163 à 193 — | 11,46 | 23,96 | 30,21 | 33,33 | 43,75 | 62,50 |
| De 195 à 241 — | 16,04 | 29,17 | 35,42 | 43,75 | 53,12 | 71,87 |
| De 243 à 274 — | 16,67 | 29,17 | 35,42 | 47,92 | 60,42 | 95,75 |

4° EXEMPLES DE PRIX APPLIQUÉS A DES MARCHANDISES TRANSPORTÉES
EN CONCURRENCE AVEC LA VOIE MARITIME.

| DISTANCES. | CLASSE SPÉCIALE. | 1re | 2e | 3e | 4e | 5e |
|---|---|---|---|---|---|---|
| | Francs. | Francs. | Francs. | Francs. | Francs. | Francs. |
| Jusqu'à 52 kilomètres. . | 4,69 | 9,37 | 12,50 | 14,58 | 18,75 | 25,00 |
| De 54 à 48 kilomètres | 6,25 | 12,50 | 15,62 | 18,75 | 29,17 | 50,00 |
| De 50 à 80 — | 9,37 | 14,58 | 18,75 | 22,92 | 33,33 | 62,50 |
| De 82 à 121 — | 12,50 | 16,67 | 20,83 | 27,08 | 41,67 | 75,00 |
| De 122 à 161 — | 14,58 | 20,83 | 25,00 | 31,25 | 47,92 | 93,75 |
| De 163 à 193 — | 16,67 | 25,00 | 31,25 | 40,62 | 53,12 | 81,25 |

On voit par ces tableaux qu'il y a cinq classes de marchandises, non compris
la classe *spéciale*. Il faut encore ajouter la classe *minérale*. Parmi les produits
minéraux, la houille tient une place à part. La classe dite *spéciale* comprend
surtout les céréales, la farine, les légumes secs, puis les bois de charpente, les
fers bruts, les tuyaux de fonte, les gros produits chimiques. Les marchandises
augmentent de valeur à mesure qu'on passe de la 5e classe à la 4e, puis à la 3e,...
jusqu'à la 1re, qui comprend les meubles, les soieries, les fleurs artificielles, la
parfumerie, les cigares, etc.

Il existe généralement une entente entre les chemins de fer et les canaux. Voies de transport pa-<br>rallèles. 1° Entente<br>habituelle avec les<br>canaux.
Voici quatre exemples de tarifs convenus entre Birmingham et Hull, et *vice versâ* :

| MARCHANDISES | DE GARE EN GARE | | CAMIONNÉ AUX DEUX EXTRÉMITÉS. | |
| --- | --- | --- | --- | --- |
| | CHEMIN DE FER | CANAL | CHEMIN DE FER | CANAL |
| | Francs | Francs | Francs | Francs |
| Céréales et farines.. . . . . . . . . . . . . . . . | 18,75 | 17,71 | » | » |
| Fer *not damageable*, sans responsabilité. . . . . . . . | 17,71 | 16,67 | » | » |
| Fer *damageable*. . . . . . . . . . . . . . . . . . . | 19,79 | 18,75 | » | » |
| Quincaillerie. . . . . . . . . . . . . . . . | » | » | 34,38 | 32,81 |

2° Concurrence exceptionnelle des lignes qui unissent l'Humber à la Mersey.

Il y a sur quelques points encore concurrence entre les voies ferrées et les rivières ou canaux. Nous allons en citer un exemple.

On appelle *Aire and Calder Navigation* un ensemble de rivières canalisées et de canaux situés entre Sheffield, Leeds, York et l'Humber. L'artère principale est un canal de 58 kilomètres de longueur, qui va de Leeds à Goole, avec un embranchement de Castleford à Wakefield. La houille seule qui descend par ce canal représente un tonnage annuel de 1.600.000 à 1.700.000 tonnes. A Goole, les marchandises amenées par le canal trouvent des navires qui descendent l'Ouse, puis l'Humber, les déposent à Hull, ou bien les portent sur toute la côte à l'est et au sud de l'Angleterre; le charbon parvient ainsi jusqu'à Poole (Dorsetshire). — Du côté de l'ouest, l'Aire and Calder Navigation s'arrête à Leeds et à Wakefield; mais d'autres lignes navigables la prolongent et la relient avec la Mersey. La plus septentrionale de ces lignes, c'est le canal de Leeds à Liverpool. Deux autres canaux, celui de Rochdale et celui de Huddersfield, relient Wakefield à Manchester, où l'on trouve le canal du duc de Bridgewater, lequel aboutit à Runcorn, extrémité d'amont de l'estuaire de la Mersey.

Les communications par eau de l'est à l'ouest étaient ainsi parfaitement assurées déjà, quand les chemins de fer sont venus s'établir dans une direction parallèle. Les Compagnies auxquelles ceux-ci appartiennent, voulant s'affranchir d'une concurrence incommode, conclurent avec quelques-unes des Compagnies rivales des arrangements qui plaçaient dans leur dépendance tout le canal de Leeds à Liverpool et une partie de ceux de Rochdale et de Huddersfield, coupant ainsi à l'Aire and Calder Navigation ses communications avec Liverpool et Manchester.

L'arrangement relatif au canal de Leeds à Liverpool remonte à 1851 ; il fut conclu entre la Compagnie concessionnaire de ce canal et les deux Compagnies du *London and North Western* et du *Lancashire and Yorkshire*. Moyennant une rente annuelle de 937.500 francs, la Compagnie du canal a cédé aux deux autres le droit de péage qu'elle perçoit sur les transports ; elle n'a conservé sa liberté d'action que pour les produits minéraux. Le tarif maximum stipulé par l'acte de concession est de $0^r,097$ par tonne et par kilomètre ; mais le tarif, présentement appliqué, de $0^r,08$ suffit pour que l'*Aire and Calder Navigation* ait dû cesser d'envoyer par cette voie toutes marchandises autres que des produits minéraux. En effet, au taux de $0^r,08$, le péage seul revient à 20 francs par tonne de Leeds à Liverpool. Or, le chemin de fer transporte pour $18^r,75$.

Le canal de Rochdale, qui a 51 kilomètres de longueur, est actuellement affermé par quatre Compagnies de chemins de fer, les deux que nous avons nommées ci-dessus, celle du *Manchester Sheffield and Lincolnshire* et celle du *North Eastern*. Ce canal reçoit encore des marchandises amenées de l'est par voie d'eau ; mais il peut d'un jour à l'autre leur être fermé, car son acte de concession autorise un péage maximum de $0^r,26$ par tonne, soit $13^r,33$ pour les 51 kilomètres, tandis que les chemins de fer transportent beaucoup de marchandises à un prix moindre de Hull à Manchester.

Si d'ailleurs le tarif maximum n'était pas suffisamment prohibitif, les Compagnies de chemins de fer ont, dit-on, d'autres moyens d'intercepter la circulation sur les lignes navigables dès qu'un tronçon de ces lignes est à leur disposition. C'est ainsi qu'on néglige d'entretenir le canal de Rochdale ; on n'assure pas convenablement son alimentation ; sous prétexte de réparation, on le met en chômage à des époques intempestives, aux époques les plus gênantes pour l'Aire and Calder Navigation ; on y interdit la navigation de nuit, qui autrefois s'y pratiquait sans obstacle.

Quant au canal de Huddersfield, peu utile à raison de ce qu'il n'admet que des bateaux de $2^m,13$ de largeur, il s'est d'ailleurs fusionné avec le London and North Western.

Ces faits, consignés dans l'enquête parlementaire de 1872, nous ont été répétés par M. Thomas Wilson, directeur de l'Aire and Calder Navigation, avec qui nous avons parcouru en bateau à vapeur le canal de Leeds à Goole. M. Wilson nous exposait, à cette occasion, que les voies navigables peuvent disputer aux chemins de fer le transport de marchandises qui ne sont ni lourdes ni encombrantes, quand le parcours peut être effectué de nuit. Les magasins de Leeds ont l'habitude de ne pas remettre avant sept ou huit heures du soir les marchandises à destination de Hull ; en trois ou quatre heures les wagons peuvent franchir la distance, qui est de 80 kilomètres ; mais les bateaux du canal, remorqués à une vitesse de 11 kilomètres à l'heure, peuvent arriver à Hull le matin et, neuf fois sur dix, livrer la marchandise sur le quai en même temps qu'on la livre à la gare du chemin de fer.

3° Chemins de fer et voie maritime.

La voie maritime, librement ouverte à tout le monde, échappe à peu près complétement à l'étreinte des chemins de fer. Aussi leur impose-t-elle de grands sacrifices, des sacrifices dont profite, dit-on, plus de la moitié des stations de l'Angleterre. Elle a d'ailleurs conduit les Compagnies à conclure des arrangements dans lesquels le tarif kilométrique est mis complétement hors de cause.

4° Chemins de fer parallèles.

Il existe un prix général de 25 schellings (31$^f$,25) par tonne entre Londres, d'une part, et les quatre ports de Liverpool, Grimsby, Hull et Goole, d'autre part.

Un même prix de 58$^f$,08 s'applique (août 1873) aux toiles de lin, tissus de coton, etc., transportés de Dundee ou d'Aberdeen à Londres. La distance est de 761 kilomètres pour Dundee et de 867 kilomètres pour Aberdeen. Ce prix était, il y a quelques mois, de 46$^f$,87 pour la première de ces villes et de 50 francs pour l'autre.

*Les prix entre deux stations desservies par plusieurs routes sont partout les mêmes*, bien que la distance diffère souvent beaucoup. Comme exemple de ces différences, nous citerons les distances de Londres à certaines stations desservies par plusieurs lignes et aux mêmes prix :

| DE LONDRES<br>A | GREAT WESTERN. | LONDON AND NORTH WESTERN. | MIDLAND. | GREAT NORTHERN. | GREAT EASTERN. |
|---|---|---|---|---|---|
| | Kilom. | Kilom. | Kilom. | Kilom. | Kilom. |
| Birmingham. . . . . . . . . . . . | 209,21 | 178,65 | » | » | » |
| Leeds. . . . . . . . . . . . . . | 420,05 | 552,44 | 512,20 | 299,33 | 349,22 |
| Liverpool. . . . . . . . . . . . | 402,55 | 325,47 | 552,44 | 281,40 | 451,29 |
| Manchester. . . . . . . . . . . | 560,48 | 292,89 | 500,94 | 326,69 | 576,58 |
| Newark. . . . . . . . . . . . . | » | 234,96 | 230,13 | 195,12 | 231,74 |
| Nottingham. . . . . . . . . . . | » | 207,60 | 202,77 | 201,38 | 244,61 |
| Lincoln. . . . . . . . . . . . . | » | 260,71 | 255,88 | 209,21 | 241,40 |
| Wolverhampton. . . . . . . . . | 226,81 | 201,16 | 247,85 | » | » |

Quand il y a tant de causes différentes qui influent sur les prix de transport, Observations générales. que ceux-ci ne sont pas publiés, et que les *frais accessoires* de gares semblent être arbitrairement surtaxés, il est bien difficile de dire, sous une forme tant soit peu sommaire, quels sont les tarifs kilométriques des chemins de fer anglais en général. Voici, en définitive, l'idée que nous nous en sommes faite.

Ces tarifs paraissent être toujours plus élevés que les nôtres. La différence est faible pour les marchandises les plus communes et les plus grandes distances : le prix de la houille descend à 0ʳ,03 pour un parcours de 500 kilomètres. Mais quand on monte dans l'échelle des classes et surtout quand on descend dans celle des distances, la différence va en s'accentuant fortement. Ainsi, sur le London and North Western, si la distance augmente de 6 à 250 kilomètres, le tarif kilométrique de la houille varie, dit-on, de 0ʳ,241 à 0ʳ,037, la location du wagon représentant une constante de 0ʳ,50 par tonne pour les petites distances et de 0ʳ,95 pour les grandes. Entre Londres et Leeds, sur un parcours de 298 kilomètres, le prix kilométrique du *tarif général* est de 0ʳ,084 pour la *classe spéciale*, et il monte pour les cinq classes supérieures à 0ʳ,10 — 0ʳ,128 — 0ʳ,149 — 0ʳ,219 et 0ʳ,274. Quant aux prix *spéciaux*, ils ne descendent pas au-dessous de 0ʳ,044 pour les briques et la fonte brute, 0,117 pour les tissus de coton et de lin, etc.

Beaucoup de localités réclament contre les tarifs différentiels et demandent l'uniformité kilométrique. Liverpool, dit-on, serait du nombre. Ce grand port, bien certain de conserver la clientèle des villes manufacturières qui l'entourent,

voit avec déplaisir que les chemins de fer transportent, presque à perte, de
Londres à Glasgow et à Hull, des marchandises qui, autrement, n'iraient pas s'y
embarquer.

Manchester se plaint des prix de faveur accordés à Derby pour le transport
des soies venant de Londres. Or Derby (le Lyon de l'Angleterre) emploie plus
de soie en un mois que Manchester dans une année entière.

Grâce à la concurrence maritime, Dundee et Aberdeen communiquent avec
Londres aux bas prix que nous avons indiqués plus haut. Mais les localités
intermédiaires, que les mêmes avantages ne protégent pas, se plaignent d'être
rançonnées. Les petites villes en général se plaignent.

Au mois d'août dernier, le moyen le plus économique pour expédier du thé de
Londres à Glasgow, ce n'était pas de recourir à l'une des quatre grandes lignes
qui desservent concurremment ces deux villes ; c'était de l'envoyer d'abord à
Southampton. La compagnie du London-Brighton l'y amenait à très-bas prix ;
puis une compagnie de steamers irlandais venait l'y prendre, et, après avoir
fait escale à Dublin, le portait à destination.

En résumé, les prix du transport des marchandises, surtout pour les *parties*
un peu fortes, paraissent essentiellement mobiles et relatifs. On discute, on
négocie, on traite chaque transport à part, d'après son *mérite* intrinsèque (*after
its own merit*) sans s'occuper des prix auxquels se transporte la même matière
entre d'autres points ou d'autres matières entre les mêmes points. On se décide,
on conclut souvent sous l'impression du moment, autrement qu'on ne l'eût fait
deux heures plus tôt ou plus tard. Peut-on toujours apprécier, en affaires, les
conséquences finales d'une concession opportune ? Voici une compagnie qui,
pour se procurer des transport à destination de Londres, consent à prendre à sa
charge, en attendant l'embarquement, des frais de docks qui absorbent à peu
près tout son bénéfice. Une compagnie rivale l'apprend et en fait autant. Naturellement on finit par s'entendre, et l'on relève les prix. Mais la première
compagnie n'en garde pas moins une partie de la clientèle qu'elle s'était attirée :
son opération a donc réussi.

Ceci nous amène à une grave question, la plus originale de celles qu'on rencontre forcément dans une étude des chemins de fer anglais : la question des

rapports des compagnies entre elles et avec l'État. Nous allons la traiter avec les développements qu'elle nous paraît exiger.


### § IV. — DES RAPPORTS DES COMPAGNIES AVEC L'ÉTAT, ET DE LA CONCURRENCE.


#### I. — QUATRE MODES D'ACTION DE L'ÉTAT SUR LES CHEMINS DE FER. — TRANSFORMATION DU RÉGIME AMÉRICAIN.


Depuis que le problème des chemins de fer est venu s'imposer à toutes les nations civilisées, les rôles de l'État et de l'industrie privée, dans l'établissement et l'exploitation de ces voies nouvelles, ont été compris et réglés de quatre façons différentes. Il y a des différences très-nettes entre le système américain, le système anglais, le système français et le système belge.

En Amérique, la construction des chemins de fer est de droit commun. Chaque État a une loi *générale* fixant des conditions auxquelles toutes les lignes indistinctement sont soumises. Toute compagnie peut entreprendre le chemin de fer qui lui plaît si elle se constitue « légalement » à cet effet; elle a même implicitement le droit d'expropriation : elle n'est arrêtée, en fait, que par la difficulté de faire régler l'indemnité préalable à l'occupation des terrains ou par l'élévation des sommes fixées [1]. — Quant à l'exploitation, l'État n'a rien à y voir. C'est aux tribunaux, aux tribunaux ordinaires qu'appartient exclusivement le soin de vider les conflits qui peuvent surgir entre les compagnies et le public ou entre les compagnies elles-mêmes. Que pouvait-on craindre *a priori* pour les intérêts généraux du pays? La concurrence la plus absolue n'était-elle pas là pour répondre à tous les besoins? N'allait-elle pas, comme dans une industrie quelconque, assurer le bon marché, égaliser et immobiliser les prix dans la mesure du possible?

En Angleterre, le même principe a été admis, mais avec une restriction impor-

[1] *Rapport de mission*, p. 255.

tante. Toute compagnie est appelée à comparaître d'abord devant le pouvoir législatif. Grand voyer du pays et gardien de la police financière, le Parlement, avant d'accorder les concessions, les examine au double point de vue de l'utilité publique et des voies et moyens. Il y a des garanties sérieuses dans ce contrôle préalable; mais l'État s'en tient là. Point d'intervention gouvernementale ou administrative dans l'exploitation. Aucune précaution spéciale en vue des difficultés pratiques et des frottements imprévus. La concurrence n'est-elle pas un correctif universel ?

Des idées tout autres ont prévalu chez nous. Le gouvernement français aurait pu, lui aussi, d'un trait de plume, livrer l'avenir commercial du pays aux conséquences hasardeuses d'un principe abstrait. Mais, après avoir hésité longtemps, — car il sentait tout le poids de sa responsabilité, — il finit par aborder résolûment les difficultés d'une solution mixte, qui lui parut être la moins imparfaite de toutes. Tout en utilisant le concours de l'industrie privée, l'État, chez nous, n'a concédé les voies ferrées que pour un temps ; il ne les a concédées qu'en se réservant un droit d'intervention énergique et permanent, celui d'un commanditaire qui entend surveiller son bien. Il a notamment voulu que les tarifs fussent soumis à une homologation ministérielle. Et pour qu'une telle situation fût acceptable pour les compagnies, il leur est venu en aide : il leur a livré des travaux *non remboursables*, il leur a donné des subventions en argent et des garanties d'intérêts. Il a fait plus encore. Sans contracter d'engagement formel, — se réservant, au contraire, le droit de laisser construire d'autres voies de communication, — il a cependant, en fait, exclu la concurrence en assignant à chacune des six grandes compagnies une région qu'elle aurait spécialement à desservir. L'administration s'interposait ainsi entre les compagnies et le public, sans souci des embarras que pourrait lui créer à elle-même le double rôle auquel il lui faudrait pourvoir.

Enfin, pour compléter notre énumération de principe, c'est l'État, en Belgique, qui a construit et qui exploite les voies ferrées. Telle est du moins la condition des lignes principales. On a d'ailleurs concédé des lignes secondaires, et quelques-unes de celles-ci font aux premières une concurrence spéciale dont les résultats sont intéressants à constater.

Après une expérience de quarante ans, on n'en est plus réduit à discuter avec des arguments théoriques la valeur de ces différents systèmes. On en connaît le fort et le faible. En Amérique et en Angleterre tout au moins, l'opinion publique s'est prononcée; et elle s'est traduite cette année-ci même par des faits, des faits concordants et si précis qu'il paraît difficile d'en récuser le témoignage.

Disons quelques mots d'abord de l'Amérique [1].

Dans notre rapport de 1872 (p. 129), nous nous étions fait avec empressement l'écho d'un jugement sommaire porté sur les chemins de fer français. Tout marche vite dans le Nouveau-Monde, et les idées saines passent promptement dans le domaine des faits. Or il paraît s'être opéré depuis 1870, dans la législation des voies ferrées, un mouvement qui, quelle qu'en soit la cause, tend à rapprocher le régime américain du nôtre. Le public se plaint d'être arbitrairement taxé par les compagnies de chemins de fer et pousse les législatures à devenir plus exigeantes pour elles. Dans les États de l'Ouest surtout, les compagnies sont attaquées vivement. Voici ce qui se passe dans l'Illinois, qui est à tous égards un des États les plus importants de l'Union [2].

La cité naissante de Chicago était si pressée d'avoir des chemins de fer et si confiante dans le jeu naturel de la concurrence, qu'on négligea d'insérer, dans les premiers actes de concession, jusqu'à la faculté de les amender ; aussi les compagnies prétendent-elles que leurs pouvoirs sont illimités et les concessions irrévocables. Cependant une *constitution* votée en 1870 a déclaré les chemins de fer *grands chemins publics* et a chargé le pouvoir législatif de limiter les prix de transport par des maxima « *raisonnables* ». Se mettant à l'œuvre en conséquence, la législature fit plusieurs lois très-complexes. Elle défendait notam-

---

[1] Pour ne pas surcharger de noms propres le présent rapport, nous nous abstenons de citer bien des personnes dont la conversation, à Paris ou à Londres, a contribué à nous éclairer. Cependant nous croyons devoir nommer ici : M. Ernest Frignet, ancien avocat au Conseil d'État, — M. Franklin B. Gowen, président du *Philadelphia and Reading Railroad*, — et M. Charles F. Adams Jr., président de la *Commission des chemins de fer* dans l'État de Massachusetts.

[2] Avec une population de 2.700.000 âmes seulement, l'Illinois a une superficie supérieure au quart de la France. Cet État n'avait que 22 kilomètres de voies ferrées en 1848 ; il en a maintenant 8.329, qui sont répartis entre dix-neuf compagnies. La recette brute kilométrique, en 1872, a été moyennement de 26.450 francs, ou à peu près exactement la moyenne des recettes obtenues sur tous les chemins de fer des États-Unis. Les voyageurs y entrent pour un peu moins de 25 p. 100. Les dépenses d'exploitation en absorbent 64,3 p. 100. Le produit net représente 6,2 p. 100 de la dépense de construction, et le dividende distribué 5,92 p. 100 du capital-actions

ment de faire payer plus cher pour une moindre distance parcourue sur la même ligne ; elle classait les chemins de fer en plusieurs catégories d'après le montant de leurs recettes et fixait, pour chaque catégorie, des tarifs applicables tant aux voyageurs qu'aux marchandises. Mais, en Amérique, c'est à l'autorité judiciaire qu'est indirectement dévolue la sanction des mesures législatives de ce genre. La Cour suprême de l'État refusa la sienne dans le premier litige qui lui fut déféré ; mais en même temps elle déclarait indirectement que le droit commun suffisait pour interdire soit les *distinctions injustes*, soit les prix *non raisonnables* ; qu'un prix supérieur réclamé pour une moindre distance pouvait passer *à première vue (primâ facie)* pour un indice de distinction injuste, et que les compagnies étaient tenues de justifier ce prix devant un jury. — Guidée par cette décision, la législature se remit à l'œuvre. Elle avait compris qu'elle ne pouvait, à elle seule, résoudre un problème aussi complexe que le contrôle des tarifs. Elle était allée trop loin en essayant une réglementation directe : il fallait que les conflits se vidassent par espèce et que le dernier mot restât à la justice ordinaire. C'est dans cet esprit qu'au mois de mai dernier, constituant un jury spécial de douze personnes, elle s'est bornée à poser des règles, à indiquer des bases propres à guider les jurés dans leurs appréciations sur ce qu'il faut entendre par des prix *raisonnables*[1]. D'autre part, elle a chargé une *commission* spéciale de préparer, pour les différentes lignes, des tarifs dont les prix seront tenus pour *raisonnables* en justice, jusqu'à ce qu'il en ait été décidé autrement par un jury devant lequel les opposants auront à faire la preuve. Les commissaires sont en outre chargés de parcourir le pays, de recueillir les plaintes et d'y donner d'office la suite qu'elles peuvent comporter. Enfin le jury peut imposer aux compagnies des amendes réglées suivant une échelle croissante pour des actes successivement condamnés.

Les Américains, on le voit, n'y vont pas de main morte. Les compagnies de

---

[1] Sont assimilées à des actes d'*extorsion* les *distinctions injustes*, telles que celles impliquées dans les cas suivants : 1° Un prix égal ou plus fort exigé pour le transport d'un voyageur ou d'une égale quantité de marchandises sur une distance moindre de la même ligne et dans la même direction, quel que soit le point de départ ; — 2° Des prix plus forts exigés pour frais de gares sur un point que sur un autre, ou d'une personne que d'une autre au même point ; — 3° Des prix plus forts exigés d'une personne que d'une autre pour la traction de wagons partant du même point et parcourant des distances égales sur la même ligne.

l'Illinois, tout en protestant contre la validité de cette loi nouvelle, ont annoncé l'intention de s'y confirmer strictement en ce qui concerne *l'égalité de traitement*, et elles ont établi de nouveaux tarifs qui s'appliquent depuis le 1ᵉʳ juillet. Mais les Commissaires en ont établi d'autres, très-inférieurs en moyenne à ceux des compagnies, et qui seront en vigueur à dater du 15 janvier 1874. La Cour suprême sera bien vite saisie ; on verra ce qui sera décidé par elle. Le dénoûment est considéré comme devant avoir un grand retentissement dans les autres États de l'Union américaine.

Ces détails, que nous abrégeons, n'offrent peut-être en eux-mêmes qu'un intérêt secondaire. Mais on voudra bien remarquer qu'il s'agit, au fond, d'une véritable révolution s'accomplissant en Amérique (en même temps qu'en Angleterre) dans la législation des voies ferrées. Et dans quel sens s'accomplit-elle? Où sont ces clartés nouvelles qui se révèlent aux yeux de la race anglo-saxonne? Voici la réponse que nous trouvons, tout indiquée, dans le dernier rapport adressé à la législature du Massachusetts par la *Commission des chemins de fer :* « L'expérience qui se poursuit présentement dans l'Illinois est une imitation pure et probablement inconsciente, mais presque exacte, du *système français* [1]. »

Cette imitation de notre système, dans un pays aussi différemment constitué que l'Illinois, prêterait peut-être à plus d'une objection fondée. Mais ceci n'est pas notre affaire. Nous nous bornons à signaler en passant un hommage rendu aux dispositions pratiques qui ont prévalu chez nous. Voyons maintenant ce qui se passe en Angleterre.

## II. — EFFETS DE LA CONCURRENCE EN ANGLETERRE.

Deux questions distinctes se présentent ici :

1° Quels ont été les effets constatés de la concurrence, tant pour le public que pour les compagnies elles-mêmes?

[1] « The Illinois experiment is a crude and apparently unconscious, but yet an almost exact imitation of the French policy. »

2° La concurrence s'est-elle maintenue ?



Le premier effet de la concurrence a été de créer des lignes surabondantes et de provoquer des dépenses inutiles qui se perpétuent dans l'exploitation. Une élévation spéciale des tarifs en est la conséquence naturelle.

La concurrence a profité aux points communs des lignes parallèles, mais à ceux-là seulement. Elle créait par cela seul, au détriment des localités intermédiaires, des inégalités choquantes. Mais elle a fait plus : certaines compagnies ont surtaxé ces points intermédiaires pour se dédommager des réductions de bénéfice que la concurrence leur imposait aux points communs.

Pour ceux-ci du moins, n'y a-t-il que des avantages ? Cela même n'est pas vrai. Le commerce y subit le contre-coup des brusques déterminations par lesquelles les compagnies, échauffées à la lutte, cherchent à s'arracher la clientèle.

Ah ! si l'on n'avait à lutter que contre la concurrence de l'État, les choses se passeraient tout différemment : on l'a dit dans l'Enquête parlementaire de 1872, et la Belgique en offre des exemples frappants. Il y a des armes de combat dont n'useront jamais les hommes qui administrent les lignes de l'État belge ; on le sait parfaitement. Avec eux, on sait à quoi s'en tenir, on sait sur quoi compter. Ce ne sont pas eux qui feraient partir un train juste au moment où l'on entend le sifflet de l'autre compagnie, dont les voyageurs, en arrivant dans la gare commune, vont être furieux de manquer la correspondance. Ce ne sont pas eux qui chicaneraient un voyageur sur la validité d'un billet composé de plusieurs coupons, quand ce billet n'a pas été acheté au bon endroit ; ils n'ajourneraient pas la remise d'un colis qui a le tort de n'être pas venu par la bonne ligne ; ils ne feraient pas faire des substitutions d'étiquettes propres à masquer l'itinéraire réel d'un ballot et permettant ainsi à leur camionneur de solliciter avec plus d'avantage la marchandise en retour. Mais il paraît que ces choses-là se font ou peuvent se faire entre compagnies privées. Les tours les moins avouables sont imprimés en toutes lettres dans les dépositions de l'Enquête. Dans cette situation maladive et embrouillée, comment s'étonner que les compagnies elles-mêmes (les petites au moins), appauvries et harassées par une lutte incessante, aient fini par joindre leur voix à celle du public pour réclamer l'intervention de la providence parlementaire ?

Cependant, et quelle que fût l'amertume des plaintes qui s'exhalaient, il y a quelques mois encore, devant la commission d'enquête, le champ de la lutte a depuis longtemps commencé à se restreindre. Entre compagnies de chemins de fer la concurrence peut être plus ou moins vive et plus ou moins longue ; mais elle est nécessairement destinée à s'affaiblir et à s'éteindre par des ententes, se transformant alors du tout au tout, car elle fait place à un monopole qui jouit de toute la liberté qu'on avait dû laisser au principe contraire. Ce grand fait économique est désormais placé, par l'expérience dont l'Angleterre a été le théâtre, au-dessus de toute controverse sérieuse.

Les premiers chemins de fer concédés datent du commencement du siècle[1]. Dans l'opinion des compagnies concessionnaires, du Parlement, du public, ces voies nouvelles devaient être, comme les routes ordinaires, comme les ponts, accessibles à tous les véhicules, moyennant un péage au profit de la compagnie. Celle-ci d'ailleurs pouvait transporter aussi pour son compte, mais à des prix dont le maximum était généralement fixé dans les actes de concession.

On entendait laisser ainsi la porte librement ouverte à la concurrence, et l'introduction de la locomotive ne parut pas devoir rendre ce principe inapplicable. Mais on fut bientôt désabusé à cet égard. Les compagnies propriétaires des lignes ne refusaient pas à d'autres l'usage de leurs rails ; mais, faute de places pour distribuer les billets, pour prendre de l'eau et du charbon, etc., la faculté de circuler était illusoire. L'unité d'administration était d'ailleurs d'une nécessité évidente pour la coordination des trains. Bref le monopole était inévitable. C'est ce que reconnut une commission parlementaire nommée durant la session de 1839-1840, et dont sir Robert Peel faisait partie.

On tenait cependant beaucoup à ce que la concurrence s'exerçât. Elle se produisit sous une autre forme, à laquelle on avait à peine songé dans l'origine,



---

[1] La première concession est de 1801. Mais c'est en 1821 qu'a été autorisé le premier chemin de fer destiné à transporter des voyageurs en même temps que des marchandises, le chemin de fer de Stockton à Darlington, qui fut ouvert le 27 septembre 1825. Un acte spécial du Parlement, accueillant en 1823 une demande de George Stephenson, avait permis qu'on opérât la traction avec des machines « locomotives. »

Concédé en 1826, le chemin de fer de Manchester à Liverpool fut ouvert le 15 septembre 1830.

Les deux lignes de Liverpool et de Londres à Birmingham furent concédées en 1833. Celle de Londres à Bristol le fut en 1835.

celle des lignes parallèles desservant les mêmes points principaux. Le Parlement en concéda systématiquement. De 1840 à 1846, puis de 1853 à 1866, les chemins de fer se juxtaposèrent de tous côtés, se doublant, se triplant parfois.

La concurrence se fit sentir d'abord dans l'exploitation des lignes comme dans la construction : les Compagnies rivalisèrent à qui satisferait le mieux, à qui pressentirait et préviendrait le mieux les besoins du public ; elles se disputèrent la clientèle au prix de sacrifices parfois *insensés*. (Le mot est du cap. Tyler.) C'était l'idéal du genre, mais il ne se maintint pas. Les Compagnies comprirent que leur intérêt, à elles, était de s'entendre, d'élever les prix de concert et de se dédommager aux dépens du public. Cette entente a pris diverses formes.

La plus simple consiste à uniformiser les prix, tant pour les voyageurs que pour les marchandises, et quelquefois aussi la vitesse des trains.

Une union plus complète entre deux Compagnies permet que chacune d'elles expédie, en payant, des wagons par les lignes de l'autre, chacune bénéficiant des transports qui s'effectuent sur son réseau propre. Mieux encore, chacune des deux Compagnies peut faire circuler sur le réseau de l'autre des trains entiers dont le profit se partage dans des proportions convenues.

Dans ces cas divers chaque Compagnie, bien que ne luttant plus avec l'autre par un abaissement de prix, a néanmoins intérêt à attirer les marchandises sur son réseau et à les transporter par ses propres trains. On peut conséquemment s'attendre à ce qu'il y ait encore, vis-à-vis du public, émulation d'empressement et de facilités offertes : des heures de départ plus convenables, des trains plus rapides, des voitures plus confortables, etc.

Une troisième forme d'union, plus intime que les précédentes, consiste à faire *bourse commune* : on partage, dans des proportions convenues, les profits afférents à une station commune ou provenant de quelque trafic particulier, sans s'inquiéter de savoir sur quelles lignes et par quels trains les marchandises ont été transportées. C'est ainsi que le Great Western et le London and North Western font bourse commune pour les stations auxquelles ces Compagnies conduisent l'une et l'autre, mais pour celles-là seulement. Dans ces termes, le seul motif qu'on pourrait avoir pour chercher à attirer le trafic sur son propre réseau, ce serait l'éventualité que le concert prît fin et qu'on en revînt à la lutte primitive. Mais l'expérience prouve que la pratique de la bourse commune est un acheminement à une fusion.

Les fusions ! On en avait, dès l'année 1844, signalé le danger : elles étaient condamnées par les hommes les plus compétents, on paraissait d'accord en principe pour ne plus en autoriser ; mais le Parlement finissait presque toujours par céder aux instances des Compagnies. Il semble décidé pourtant à se montrer désormais moins facile. Il a rejeté (comme nous l'avons déjà dit), dans sa dernière session, deux bills de fusion présentés, l'un par la Compagnie du London and North Western de concert avec celle du Lancashire and Yorkshire, l'autre par le Midland de concert avec le Glasgow and South Western. Si cette jurisprudence se maintient, les fusions légales auront un terme. Mais on comprend qu'aucune loi, divine ou humaine, ne peut perpétuer la lutte. « Si deux Compagnies se mettent en tête d'atteler leurs chevaux ensemble, on aura beau faire, on ne pourra pas les en empêcher ; on ne pourra pas les *faire battre* si elles n'en ont pas envie. » (Enquête de 1872, question n° 6933.) — Ostensibles ou occultes, les unions continueront de s'accomplir.

Ainsi, d'un aveu unanime maintenant, et par la force des choses, le système anglais doit aboutir à une concentration de tous les chemins de fer entre les mains de trois ou quatre compagnies, d'une seule peut-être, d'un directeur unique et omnipotent. La concurrence illimitée se résout en un monopole absolu. Un exemple, pris entre mille, suffirait pour caractériser cette transformation.

En 1862, par l'effet de la concurrence, le transport des houilles à destination de Londres coûtait 6$^r$,25 par tonne pour celles du Nottinghamshire (227 kilom.) et 8$^r$,25 pour celles du South Yorkshire (275 kilom.). En 1863, l'entente étant établie sur cet article entre les compagnies du nord de la Tamise, les deux prix furent relevés à 7$^r$,50 et 9$^r$,20. Plus tard, en 1867, sans justification spéciale, on trouva bon d'ajouter encore 6 pence par tonne (0$^r$,60), et les prix furent portés à 8$^r$,10 et 9$^r$,80. En France, un pareil relèvement n'eût pas été possible, le ministre des travaux publics eût opposé son veto : on ne connaît pas ces mesquines entraves dans la libre Angleterre ; on ne les a du moins pas connues jusqu'ici, mais le Parlement est en train de tout gâter.

### III. — LOI DU 21 JUILLET 1873.

Le monopole des chemins de fer est d'autant plus redoutable qu'il s'étend progressivement aux canaux et aux rivières canalisées. Par voie d'achat, d'affermage ou de fusion, les compagnies de chemins de fer se sont rendues maîtresses des principaux canaux ; elles en possèdent une longueur totale de 1.544 milles (2.485 kilomètres), et il est douteux qu'on réussisse à les empêcher d'absorber le reste. — La voie maritime restera seule pour contre-balancer en partie ce monopole menaçant.

Voilà, dans l'état actuel des choses, le premier point qui a dû frapper le Parlement. Bien que le dénoûment paraisse inévitable, on veut le reculer le plus possible : on veut encourager, aider, prolonger le peu de concurrence qui existe encore. Mais en même temps on veut protéger le public et les petites compagnies, plus efficacement qu'ils n'ont pu l'être par la justice ordinaire, contre les tarifs arbitraires ou excessifs.

L'enquête préalable s'était étendue aux pays étrangers ; et, parmi les nombreux documents qui ont été publiés, se trouve un rapport dans lequel un des hauts fonctionnaires du Board of Trade expose, à titre de renseignement, la situation des chemins de fer en Belgique, en France et dans l'Allemagne du Nord. Les conclusions, les suggestions de ce rapport méritent d'être remarquées sous le double rapport de la forme et du fond.

Suivant le rapporteur, les nations étrangères diffèrent tellement de l'Angleterre par les mœurs et les institutions, qu'il y a peu d'utilité à chercher parmi elles des exemples que celle-ci puisse s'appliquer directement. Cependant il est impossible de n'être pas frappé de ce fait que, sur trois points au moins, les trois pays étudiés s'accordent entre eux et diffèrent de l'Angleterre : 1° Publication des tarifs du transport des marchandises ainsi que des frais de gares et de camionnage ; 2° Comme conséquence, possibilité pour une compagnie de calculer ce qu'il lui en coûtera pour expédier par le réseau d'une autre ; 3° En cas de désaccord, possibilité de recourir à une autorité supérieure. — Dans les trois pays l'État, ayant à traiter avec les compagnies de chemins de fer, emprunte soit à des droits positifs, soit à un ascendant moral, une puissance telle qu'aucun gouvernement, de l'autre côté du détroit, ne pourrait songer à l'exercer. Cependant on doit remarquer combien, jusqu'à quel point, le gouvernement anglais s'est tenu à l'écart, spectateur silencieux de la construction et de l'administration des voies ferrées. — Enfin l'État, en Angleterre, n'est pas propriétaire des chemins de fer, et il n'a en rien assisté les compagnies ; il n'a conséquemment pas le droit d'immixtion qu'il possède en Belgique, en France et en Allemagne. Cependant il est peut-être permis de douter que l'État ne puisse (en aidant les compagnies elles-mêmes à s'entendre, en éclaircissant les griefs du public et les recommandant, s'ils sont fondés, aux compagnies) prendre utilement une part un peu plus active aux affaires de chemins de fer.

C'étaient là de simples doutes soumis au Parlement ; on se fût bien gardé de heurter de front les idées nationales en matière de centralisation officielle. Du reste, l'administration anglaise ne paraît nullement désireuse d'intervenir par elle-même entre les compagnies et le public ; elle est loin d'envier la situation délicate que la loi du 12 juillet 1865 a faite en France au gouvernement : elle aime bien mieux laisser au pouvoir législatif la double responsabilité des mesures d'autorité qui concernent l'établissement et l'exploitatiou des chemins de fer.

Arrivons à la conclusion, à la loi du 21 Juillet. — Le texte officiel ne comprend pas moins de treize pages ; un peu surchargé de détails accessoires, il ne présente pas l'ordonnance méthodique et l'enchaînement d'idées qu'on remarque généralement dans les lois françaises. En voici les points principaux.

L'article 2 d'une loi du 10 juillet 1854[1] avait prescrit déjà aux compagnies de chemins de fer et de canaux de recevoir, de transporter sur leurs lignes respectives et de livrer les marchandises qui leur sont présentées, en fournissant à cet effet toutes les facilités raisonnables, sans faveur ni préjudice pour aucun des expéditeurs. Mais cette prescription rencontrait dans la pratique de grandes

1° Transports en transit (through traffic).

---

[1] An act for the better Regulation of the Traffic on Railways and Canals, 17 et 18 Vict, Cap. 31.

 EXPLOITATION

difficultés et donnait lieu aux plaintes les plus vives. Rappelée et précisée par la loi nouvelle, qui la déclare applicable au transit des marchandises présentées par une compagnie quelconque de chemin de fer ou de canal, elle devra désormais s'exécuter ainsi qu'il suit (art. 11) :

La compagnie expéditrice doit prévenir par écrit celles dont elle veut utiliser les lignes, en indiquant l'itinéraire qu'elle a en vue, le prix total qu'elle offre pour le transport et la sous-répartition de ce prix. Si, dans un délai de dix jours, aucune des compagnies auxquelles on s'adresse ainsi n'a présenté d'objections contre l'itinéraire ou contre le prix, l'arrangement offert est considéré comme accepté et devient exécutoire. Dans le cas contraire, le différend est soumis à une commission spéciale dont nous parlerons tout à l'heure : elle a qualité pour approuver ou rejeter les conditions de l'arrangement.

L'idée qui domine dans cette disposition, c'est d'assurer *l'égalité de traitement* : principe fondamental dans la législation française; car il est inscrit en termes formels dans le Cahier des charges annexé aux Conventions de 1859 (art. 48, 49 et 53).

2e Publication des tarifs.

En l'absence de tarifs publiés, les réclamations étaient difficiles aux parties qui se croyaient lésées par les Compagnies. Celles-ci sont tenues désormais de mettre à la disposition du public, dans les stations ou sur les quais d'embarquement, des registres indiquant les prix de tous les transports autres que ceux des voyageurs et de leurs bagages (art. 14). La publicité des tarifs existe en France; mais on veut aller plus loin en Angleterre. Si quelque intéressé en fait la demande, la *Commission des chemins de fer* pourra exiger des compagnies qu'elles consignent sur leurs registres le sous-détail de certains prix, qu'elles fassent connaître séparément combien elles comptent pour le parcours de telle voie ferrée, de tel canal, pour le droit de péage sur telle ligne, pour l'usage des wagons ou des bateaux, pour la traction opérée par les locomotives, enfin pour tous autres éléments dont la nature serait spécifiée.

Les compagnies seront passibles d'une amende pouvant atteindre 125 francs pour chaque contravention ou chaque jour d'une contravention permanente.

3e Maintien des canaux.

L'article 17 ordonne aux compagnies de chemins de fer d'entretenir en bon état de navigation les canaux dont elles sont détentrices, afin que le public puisse en user librement et en tout temps.

On avait remarqué (le dossier de l'enquête en fait foi) qu'en France le Cahier des charges de 1859 a attribué à l'administration le pouvoir de statuer soit sur les frais accessoires des gares (art. 51 et 52), soit sur les difficultés auxquelles peut donner lieu la faculté réciproque de faire circuler des trains sur un réseau étranger (art. 61). On a probablement voulu constituer quelque chose d'analogue en créant la *Commission des chemins de fer*, véritable tribunal auquel seront désormais soumises les affaires dont la désignation suit :

*A.* [Art. 6.] Contraventions à la loi nouvelle ; les tribunaux ordinaires sont d'ailleurs dessaisis de la compétence qui leur avait été antérieurement attribuée en ce qui concerne l'article 2 de la loi de 1854 et l'article 16 d'une loi (analogue) du 21 juillet 1868 ;

*B.* [Art. 7.] Litiges qui, surgissant entre des compagnies de chemins de fer ou de canaux, devaient ou pouvaient, en vertu de certaines lois, être soumis à des arbitres ;

*C.* [Art. 8.] Tout différend dans lequel est en cause une compagnie de chemin de fer ou de canal ;

*D.* [Art. 10.] Conventions d'exploitation conclues entre des compagnies, mais subordonnées à une approbation qui précédemment devait émaner du Board of Trade ;

*E.* [Art. 11.] Approbation ou rejet de l'itinéraire et du prix d'un transit à opérer sur un réseau étranger ;

*F.* [Art. 15.] Fixation, en cas de désaccord, des frais accessoires des gares, c'est-à-dire des frais de chargement, de déchargement, d'abritement, de livraison, et autres frais analogues ;

*G.* [Art. 16.] Approbation éventuelle, hypothétique, de tout arrangement tendant à placer une portion quelconque de voie navigable dans la dépendance d'une compagnie de chemin de fer.

La Commission chargée de ces fonctions à la fois administratives et judiciaires est composée de trois membres titulaires et de deux membres adjoints, tous nommés par la Reine, mais révocables par le lord Chancelier. Des membres titulaires, l'un doit être versé dans la connaissance des lois, un autre doit avoir l'expérience des affaires de chemins de fer (art. 4).

Dans un délai de trois mois à partir de leur nomination (art. 5), tous doivent se défaire des actions, obligations ou autres valeurs, de tous les intérêts qu'ils pourraient avoir dans les entreprises de chemins de fer ou de canaux du Royaume-Uni. Ils devront donner à leurs fonctions la totalité de leur temps et n'en point accepter d'autres qui soient incompatibles avec cette condition-là.

Chacun des membres titulaires recevra un traitement de 75.000 francs par an et chacun des membres adjoints un traitement de 37.500 francs (art. 22).

Les membres de la Commission pourront, par eux-mêmes ou par des délégués, entrer partout, inspecter tous les bâtiments, mander et interroger n'importe qui, exiger des rapports écrits, requérir la production de tous livres, papiers et documents, enfin déférer le serment (art. 25).

Ils siégeront où et quand ils voudront, ensemble ou séparément, en audience publique ou à huis clos ; ils régleront leurs travaux de la façon qu'ils jugeront la meilleure pour la prompte expédition des affaires. Cependant toute plainte sera plaidée et jugée en public si l'une des parties en cause le demande (art. 27).

Importance du rôle de la Commission des chemins de fer.

Cette loi, dont nous laissons de côté les dispositions secondaires, paraît devoir être féconde en résultats de plus d'une sorte. Dans une assemblée générale semestrielle des actionnaires, tenue le 23 août dernier, l'administration du London and North Western se félicitait d'avoir obtenu des modifications au texte primitif du bill présenté par le gouvernement, d'en avoir fait retrancher certaines clauses qui portaient atteinte, suivant elle, à des droits antérieurement obtenus du Parlement et sur la foi desquels les lignes ont été construites. Cependant la Compagnie ne pouvait méconnaître que l'État eût ainsi acquis de grands pouvoirs (*very extensive powers are still retained*).

Nous avons entendu des hommes très-compétents émettre l'opinion que les grandes compagnies s'abstiendraient prudemment de déférer leurs litiges à la Commission des chemins de fer, — qu'indépendamment des prix affichés il y en aurait d'autres, etc.

Nous regardons cependant comme un grand avantage pour le public et pour les petites compagnies que d'avoir acquis un moyen de se faire rendre justice, ce qui leur était impossible à cause des frais et des lenteurs de la justice ordinaire. Nous regardons comme un grand progrès que d'avoir réduit à se dissimuler des transactions désormais réputées illégales et qui ne pourront être invoquées contre les tiers. Enfin cette commission, composée d'hommes ayant une grande situation personnelle, armée par la loi des pouvoirs d'investigation les plus étendus et devant s'initier peu à peu aux plus intimes affaires des compagnies, cette commission deviendra probablement pour le Parlement un comité consultatif précieux, dont les avis seront d'autant plus efficaces qu'ils seront anonymes et irresponsables. — L'histoire est là pour indiquer ce qu'une pareille autorité peut devenir [1].

Il est probable d'ailleurs qu'avant peu le rôle de la Commission des chemins de fer se précisera sur un point capital. Cette haute commission n'aura-t-elle qu'une action indirecte et accidentelle sur l'exploitation des voies ferrées? N'agira-t-elle qu'à l'occasion des conflits qui lui seront déférés et dans la limite de chaque espèce? N'aura-t-elle aucun pouvoir réglementaire et préventif? Ne pourra-t-elle, par exemple, pour donner satisfaction à l'opinion publique, — qui paraît en ce moment surexcitée contre les Compagnies, — imposer à celles-ci des mesures de précaution propres à diminuer la fréquence des accidents? Cette question d'attributions ne tardera pas beaucoup sans doute à être portée devant le Parlement, et la loi du 21 Juillet sera l'objet d'une interprétation.

Voilà, ce nous semble, une coïncidence de situation bien singulière entre l'Angleterre et l'État d'Illinois. Qui sait si la même discussion ne retentira pas le même jour sous les grandes voûtes ogivales du palais de Westminster et sous la coupole hémisphérique du prétoire récemment relevé de ses cendres au bord du lac Michigan?

---

[1] Ont été nommés membres de la Commission des chemins de fer : M. Price, qui a en conséquence donné sa démission de président du conseil d'administration de la compagnie du Midland ; M. Mac Namara, avocat, qui a résigné ses fonctions de *Conseiller de la reine* (*Queen's Counsel*); et sir Fred. Peel, ancien membre du Parlement, *sous-secrétaire d'État* aux ministères des Colonies et de la Guerre, puis *secrétaire* au ministère des Finances.

#### IV. — DU RACHAT DES CHEMINS DE FER PAR L'ÉTAT.

La question des rapports des compagnies anglaises avec l'État serait incomplétement traitée si nous ne disions un mot de l'éventualité du rachat des lignes. Cette éventualité a été discutée cette année-ci, en termes précis et pratiques, par la presse et par les orateurs de diverses sociétés ; elle a pris place dans le domaine de la conversation courante ; elle a ses partisans et ses détracteurs. On ne saurait la mettre de côté dans une étude des chemins de fer anglais.

La concentration finale des chemins de fer et des canaux, avec tous les dangers qui s'y rattachent, paraît inévitable à tout le monde. Que fera-t-on alors ?

L'État pourrait construire lui-même quelques nouvelles lignes, parallèles à celles des compagnies, afin d'amener celles-ci à composition. Le droit qu'il a d'en agir ainsi ne paraît pas contesté, bien qu'un acte du Parlement (9 août 1844) en ait incidemment critiqué l'usage éventuel. Mais c'est une solution que personne ne propose.

L'État peut acquérir les voies ferrées, les acquérir en s'engageant à payer aux actionnaires et aux obligataires des annuités déterminées, dont le taux bénéficierait de la supériorité du crédit de l'État sur celui des Compagnies. Devenu propriétaire, l'État exploiterait par lui-même ou bien concéderait à des compagnies nouvelles, qui se chargeraient de servir les annuités convenues. Il y aurait, dans ce dernier cas, adjudication au rabais sur les tarifs de l'exploitation. Mais on suppose généralement que cette exploitation par un entrepreneur et surtout par plusieurs ferait renaître en partie les abus auxquels on veut remédier. Resterait donc l'exploitation directe par l'État.

Les partisans de cette mesure font ressortir la marge que donnerait, pour l'abaissement des tarifs, une réduction évaluée à plus de 200 millions de francs par an sur les frais d'exploitation[1]. Le prix d'achat est estimé à 15 ou 18 mil-

---

[1] On estime que les recettes brutes de l'année 1873 s'élèveront, savoir :

|  |  |
|---|---:|
| Pour les voyageurs, à. | 575 millions de francs. |
| Pour les marchandises, à. | 725 — |
| Total. | 1.300 |

liards de francs. Ce n'est pas là (le comte de Derby l'a dit dans une discussion) une charge inacceptable pour le Trésor. L'expérience a prouvé que les chemins de fer sont, en définitive, des propriétés qui augmentent de valeur; et, suivant le Cap. Tyler, par exemple, il ne s'attache que des risques bien faibles à des garanties d'intérêt conclues à un taux convenable.

Mais cette éventualité de rachat n'est-elle pas, comme on le croit généralement, inconciliable avec le génie du peuple anglais et avec les traditions de son histoire? — Le doute nous paraît au moins permis à cet égard.

Nous disions, au début de ce rapport, que les chemins de fer anglais avaient dû, suivant la tradition du pays, être construits par l'industrie privée. C'est bien ainsi qu'ont été peu à peu établis les phares; c'est ainsi qu'ont été créées les lignes télégraphiques. Les phares, les télégraphes n'apparaissaient, à l'origine, que comme des affaires d'intérêt privé, des affaires purement commerciales, propres à tenter les individus par leur caractère aléatoire plutôt que les gouvernements. D'ailleurs la race anglaise est entreprenante, son gouvernement ne manque jamais d'encourager cette disposition naturelle, et le Parlement n'y regarde pas de trop près quand il s'agit d'accorder des autorisations, des concessions qui touchent au domaine public, à la souveraineté publique. Voilà comment on laissa construire et exploiter les premiers phares par l'industrie privée, voilà comment on concéda les premières lignes télégraphiques.

Quand des entreprises de ce genre échouent, on peut le regretter pour les promoteurs : ils ont perdu la partie qu'ils avaient engagée ; mais le trésor public n'est pas atteint, la dignité de l'État n'est pas compromise.

En cas de succès, il se peut que ces affaires, tout en conservant pour les actionnaires le caractère commercial, en revêtent un autre, celui d'entreprises d'utilité publique. Elles touchent à tant d'intérêts, elles exercent une telle influence sur l'industrie et le commerce du pays, sur sa situation politique et militaire, que le gouvernement, — un gouvernement prévoyant et avisé comme l'est celui de l'Angleterre depuis la révolution de 1688, — ne peut plus laisser à des individus ou à des sociétés privées des pouvoirs tels que l'intérêt public en pourrait être compromis. L'État intervient alors. Il intervient par degrés, sans secousses, sans préméditation visible, sous la pression de l'opinion publique, de l'opinion qui a été graduellement préparée et convertie. Et l'on voit ainsi la direction et la responsabilité des entreprises passer sans inconséquence de l'industrie privée à l'État.

Les phares avaient inauguré une ère nouvelle pour la navigation ; mais les exigences des concessionnaires, naturelles au début, devinrent abusives, incompatibles avec les conditions du commerce moderne, intolérables parfois. Dès l'année 1515 se constitua une société qu'on nomme la *Corporation de Trinity House*. Elle se recrute en partie parmi les plus hauts personnages du royaume ; ses membres ne retirent aucun profit personnel des bénéfices de l'entreprise. Cette société s'est mise à racheter successivement les phares qui existaient et à en construire d'autres qu'elle exploite également pour son compte, c'est-à-dire dans le seul intérêt de la navigation, comme le ferait l'État. Elle est d'ailleurs placée sous le contrôle du gouvernement, contrôle qui s'est accentué et précisé de jour en jour. Elle disposait autrefois de tous ses revenus à sa guise, tandis qu'elle est astreinte aujourd'hui à justifier de ses moindres dépenses. Trinity House peut enfin se perpétuer sous un nom qu'entoure la considération universelle ; mais ce n'est plus guère qu'une fiction administrative : les phares d'Angleterre sont ou seront tous bientôt, de fait, dans la main de l'État.

La même logique a conduit au rachat des lignes télégraphiques. Ce nouveau mode de transmission de la pensée avait commercialement *réussi*, et son importance politique et morale n'était plus douteuse. Les intérêts du public, imparfaitement desservis, ne parurent plus pouvoir rester subordonnés à ceux des compagnies. Le rachat fut décidé en 1868 [1], et l'on y consacra l'année suivante une somme de 175 millions de francs, qui était, nous a-t-on dit, notablement supérieure à la valeur réelle des lignes expropriées. L'État a dépensé depuis lors 50 millions pour compléter le réseau, qui comprend aujourd'hui 160.000 kilomètres de fils, pour l'étendre surtout, vers le nord et l'ouest, à des localités peu productives au point de vue des recettes ; le service a pris d'ailleurs une unité qu'il n'avait pas auparavant. Les frais d'exploitation sont annuellement de 20 millions à peu près ; mais les recettes s'élèvent à un tiers en sus. Enfin,

[1] Loi du 31 juillet, 31 et 32 Vict., Chap. 110.

le public satisfait n'aspire plus qu'à une réduction du prix des dépêches, ce qui n'est plus qu'une question de budget.

On pourrait multiplier ces exemples. Qui ne sait de quels égards furent si longtemps entourés les antiques priviléges de la Compagnie des Indes orientales ? Le peuple anglais était fier de cette compagnie vénérable, il n'en parlait qu'avec une sorte d'attendrissement patriotique. Cependant des scrupules s'élevèrent en 1830 dans l'esprit de quelque haut personnage : était-il séant que des régiments de l'armée royale fussent commandés [par des marchands ? Le Parlement avait précédemment déjà établi un contrôle gouvernemental. Le 28 août 1833, l'État racheta tout l'actif de la compagnie en s'engageant à servir à perpétuité aux actionnaires l'intérêt du capital sur le pied de 10 p. 100. La compagnie cependant subsistait ; elle conserva pendant vingt-cinq ans encore son autorité, c'est-à-dire l'administration des Indes, véritable exploitation d'un pays de 180 millions d'habitants. Cela dura jusqu'à la terrible révolte des Cipayes. On n'a pas oublié l'oraison funèbre à laquelle prirent part les hommes d'État de tous les partis, célébrant à l'envi les qualités de « la Vieille Dame » et les services rendus par elle : après quoi, son arrêt de mort fut définitivement prononcé par le Parlement (2 août 1858 [1]).

Nous n'étendrons pas davantage cette digression d'histoire économique. N'y eût-il pas d'autres précédents que ceux-là, doit-on s'étonner que le peuple anglais, si jaloux qu'il soit des prérogatives du pouvoir central, songe à remettre un jour entre les mains de l'État le monopole des chemins de fer, — ce monopole étant inévitable, — plutôt que de le laisser entre les mains de l'industrie privée ?

[1] Voir à la Bibliothèque Nationale l'*Annual Register* et le *British Almanac and Companion*.

§ 5. — DES CHEMINS DE FER ANGLAIS AU POINT DE VUE FINANCIER.


I. — CAPITAUX EMPLOYÉS A LA CONSTRUCTION DES CHEMINS DE FER.


Les capitaux qui servent en Angleterre à construire les voies ferrées présentent une variété qui n'existe pas chez nous.

D'abord le capital-actions ne se compose pas seulement des actions primitives (*ordinary shares, ordinary stock*). Les compagnies émettent presque toujours après coup, pour faire face à des augmentations de dépenses ou à des besoins imprévus, des actions dites *de préférence* (*preferential shares, preferential stock*), au profit desquelles on prélève un dividende dont le taux maximum est habituellement fixé par l'acte de concession, par « *l'acte spécial.* » Ces actions de préférence peuvent prendre bien des formes diverses : la loi[1] a laissé le champ largement ouvert à l'imagination des financiers ; mais elles se divisent assez généralement en deux catégories dans l'exercice du privilége qui leur est conféré. Pour les unes, dites « *contingent* », le privilége ne s'exerce que jusqu'à concurrence du produit net disponible à la fin de chaque année ou de chaque semestre. Pour les autres, qui sont dites « *non contingent* », le privilége est absolu : l'effet n'en peut être que *différé*, les arrérages se reportant d'un exercice sur l'autre et se cumulant avant qu'aucun dividende puisse être distribué aux actions ordinaires.

D'autre part, le capital d'emprunt se compose de deux sortes de fonds. Outre les obligations (*debenture stocks*), qui sont perpétuelles comme les concessions, il y a une dette flottante formée d'emprunts à terme (*terminable loans*) conclus en général pour 3, 5 ou 7 ans, renouvelables d'ailleurs, et représentés par des bons (*debenture bonds*) dont la teneur, fixée par la loi, varie suivant que ce sont des bons hypothécaires (*mortgages*) ou des bons ordinaires (*bonds*). Les uns et les autres priment les obligations.

---

[1] 28 juillet 1863, 26 et 27 Vict., Chap. 118.

Enfin, entre les actions et les capitaux d'emprunt se place une catégorie de fonds dits *garantis* (*guaranteed stocks*). Ce sont des créances à intérêt fixe, des rentes *perpétuelles* données en payement soit à des actionnaires d'autres chemins de fer ou de canaux, que l'on a désintéressés, soit à des propriétaires de terrains acquis (*lois de 1845 et 1860*). Ces fonds viennent en déduction de ceux que chaque compagnie est autorisée par son acte de concession à emprunter.

Les obligations anglaises, comme les nôtres, ont pour le porteur une valeur essentiellement relative, très-variable d'un chemin de fer à un autre. L'intérêt semestriel de ces titres n'a pas d'autre gage que les produits nets de l'exploitation. En cas de retard dans le payement, les obligataires peuvent faire judiciairement commettre à la perception des recettes des hommes spéciaux qui leur en distribueront le produit net, après avoir acquitté les dépenses de l'exploitation et désintéressé les porteurs de bons à terme ; mais si la ligne est peu productive, il peut ne rien rester pour les obligataires.

Le revenu faisant défaut, ils n'ont, pour récupérer tout ou partie de leur capital compromis, que la ressource d'exiger la vente du chemin de fer. En Amérique, où les voies ferrées sont soumises au droit commun, où les obligations sont de véritables créances hypothécaires qui autorisent les porteurs (en cas de retard dans le payement des intérêts) à faire vendre, d'une part, le sol du chemin de fer, avec les terrains spacieux qui habituellement en dépendent, d'autre part, les rails, les wagons, etc., la valeur vénale tout au moins de ces biens meubles et immeubles représente pour les obligataires une valeur incontestable et plus ou moins facilement réalisable. Mais, en Angleterre comme en France, le chemin de fer est et doit rester partie intégrante du domaine public ; le Parlement seul pourrait changer la destination pour laquelle les terrains ont été expropriés et les ramener dans le domaine privé, auquel cas la possession ferait retour de droit à l'ancien propriétaire. Quant aux objets mobiliers, locomotives et tenders, voitures et wagons, machines et outils de toute sorte, ils sont explicitement protégés contre la saisie judiciaire par une loi du 20 août 1867 : tout ce qui se rattache au matériel d'exploitation devient insaisissable le jour où une portion du chemin de fer est livrée à la circulation.

Le chemin de fer est donc une chose indivisible et qu'il faut vendre sans la dénaturer. Or on peut ne pas trouver d'acheteur, et le Parlement peut refuser son consentement à la cession : il y a là une double difficulté pratique. — La question des arrangements à conclure entre les compagnies insolvables et leurs créanciers a pris en Angleterre une importance qu'elle n'est pas près, nous l'espérons bien, de prendre en France. On imagine aisément combien cette question est délicate. La loi déjà citée du 20 août 1867 a prescrit des dispositions formelles pour que les projets d'arrangements fussent soumis aux porteurs de titres de toutes les catégories.

Au 31 décembre 1872, le capital total dépensé pour la construction des chemins de fer dans le Royaume-Uni s'élevait à la somme de 569 millions de livres sterling (14.226.183.650 francs), et se décomposait ainsi qu'il suit :

|  | | Proportion p. 100 | |
|---|---|---|---|
| Actions ordinaires. | 239 | 42 | } 62 |
| Actions de préférence. | 114 | 20 | |
| Fonds garantis (rentes perpétuelles). | 64 | 11 | } |
| Emprunts directs { Obligations perpétuelles. | 86 | 15 | } 38 |
| Emprunts directs { Bons à terme.. | 66 | 12 | } |
| Total. | 569 | 100 | |

La loi limite aujourd'hui au tiers du capital-actions la totalité des emprunts autorisés. Elle exige d'ailleurs que ce capital soit préalablement souscrit en entier et versé à moitié [1].

[1] 29 juillet 1864, 27 et 28 Vict., C. 120, S. 23.

## II. — RÉSULTATS GÉNÉRAUX DE L'EXPLOITATION PENDANT L'ANNÉE 1872 [1].

Au 31 décembre 1872, la longueur des lignes livrées à l'exploitation étaient, *Longueur exploitée.*
savoir :

|  |  |  |
|---|---|---|
| En Angleterre. | 17.921 | kilomètres. |
| En Écosse. | 4.164 | — |
| En Irlande. | 3.365 | — |
| Total. | 25.450 | — |

La dépense de construction revient ainsi à 559.000 francs par kilomètre. A la fin de 1858 elle n'était que de 533.000 francs. L'augmentation tient, d'une part, à ce que le trafic est plus considérable, d'autre part à ce que le premier établissement est plus complet aujourd'hui qu'il n'était jadis en voies principales, voies de garage, stations, etc.

Dans cette dépense est compris le matériel roulant, savoir :  *Matériel roulant.*

|  | EN TOTALITÉ. | PAR KILOMÈTRE EXPLOITÉ. |
|---|---|---|
| Locomotives.. | 10.933 | 0,43 |
| Autres véhicules.. | 337.899 | 13,35 |

Mais ce recensement ne comprend pas les très-nombreux wagons qui appartiennent à des particuliers ou à des compagnies autres que celles des chemins de fer.

Le nombre des trains kilométriques ou des kilomètres parcourus par des trains a été en 1872 de 305.153.150.

---

[1] Les chiffres qui vont suivre sont extraits pour la plus grande partie d'un rapport dressé, au nom du *Board of trade*, par le capitaine Tyler, doyen des Inspecteurs du Contrôle. — M. Tyler nous a, de plus d'une façon, aidé à remplir notre mission.

Dépenses de l'année. Les dépenses d'exploitation ont été, savoir :

```
En totalité. . . . . . . . . . . . . . . . . . . . . . .   641.309.575f,00
En moyenne par kilomètre exploité. . . . . . . .    25,344f,00
En moyenne par kilomètre parcouru par un train.       2f,10
```

Ce dernier résultat présente, d'une compagnie à une autre, des variations qui ne paraissent qu'incomplétement explicables par la diversité des conditions d'exploitation. Ainsi l'on trouve :

```
Pour le Caledonian. . . . . . . . . . . . . . . . . . . .   1f,89
Et pour le North Eastern. . . . . . . . . . . . . . . .   2f,36
```

Si l'on se reporte aux éléments mêmes de la dépense faite par train kilométrique, on trouve, par exemple :

1° Pour les frais d'entretien de la voie :

```
Sur le Lancashire and Yorkshire. . . . . . . . . . . . .   0f,30
Sur le Great Southern and Western (Irlande). . . . . . . .   0f,60
```

2° Pour la dépense du matériel roulant :

```
Sur le London and North Western. . . . . . . . . . . .   0f,67
Sur le North Eastern. . . . . . . . . . . . . . . . .   1f,09
```

3° Pour les contributions et impôts payés au gouvernement (en Angleterre et en Écosse) :

```
Sur le Caledonian. . . . . . . . . . . . . . . . . . . .   0f,09
Sur le London-Brighton. . . . . . . . . . . . . . . .   0f,25
```

Recettes de l'année. Les recettes ont été, savoir :

```
Pour les trains de voyageurs. . . . . . . . . .    557.188.875f,00
Pour les trains de marchandises. . . . . . . .    725.413.975f,00
                                                 ─────────────────
En totalité. . . . . . . . . . . . . . . . . .  1.282.602.850f,00
En moyenne par kilomètre exploité.. . . . . .      50.396f,00
En moyenne par train kilométrique. . . . . .          4f,20
```

Arrêtons-nous un peu sur ces différents articles.

Les recettes de voyageurs se sont divisées par classes, ainsi qu'il suit, durant les trois dernières années :

|                | 1870 | 1871 | 1872 |
|----------------|------|------|------|
|                | Francs | Francs | Francs |
| 1re classe. . . . . . . . . . . . | 98.720.300 | 103.702.700 | 107.979.025 |
| 2e classe. . . . . . . . . . . . | 123.138.550 | 129.188.575 | 104.955.025 |
| 3e classe. . . . . . . . . . . . | 186.843.175 | 202.882.600 | 237.969.025 |
| NOMBRES CORRESPONDANTS DE VOYAGEURS : | | | |
| 1re classe. . . . . . . . . . . . | 31.839.091 | 35.642.199 | 37.678.538 |
| 2e classe. . . . . . . . . . . . | 74.153.115 | 81.021.940 | 72.459.562 |
| 3e classe. . . . . . . . . . . . | 224.012.194 | 258.556.615 | 312.736.722 |

C'est à partir de 1872 que les voyageurs de 3e classe ont commencé à être admis dans les trains express. Le double effet de cette mesure sur la proportion relative des deux dernières classes est nettement accusé par les deux tableaux qui précèdent. Il sera intéressant de connaître si cet effet s'est continué durant l'année courante et ce que deviendra la balance finale des recettes qui diminuent d'un côté par cela seul qu'elles augmentent de l'autre.

Dans les nombres ci-dessus donnés pour les voyageurs, ne sont pas compris 272.342 abonnés. La recette correspondante a été de 22.309.600 francs.

Les recettes de marchandises se décomposent ainsi qu'il suit :

| | | |
|---|---|---|
| Produits minéraux. . . . . . . . . . . . . . . . . . . | 280.653.925 | francs |
| Marchandises ordinaires (*general merchandise*). . . . . | 417.195.750 | — |
| Bestiaux. . . . . . . . . . . . . . . . . . . . . . . . | 26.946.675 | — |
| Divers. . . . . . . . . . . . . . . . . . . . . . . . . | 617.625 | — |
| Total. . . . . . . . | 725.413.975 | — |

Les transports de la Poste, que les compagnies n'effectuent pas gratuitement en Angleterre comme en France, leur ont procuré une recette moyenne de 609 francs par kilomètre.

Les recettes des voyageurs représentent 44 p. 100, les recettes des marchandises 56 p. 100 de la recette totale de 1872. En 1858, le rapport était de 49 à 51.

La recette totale par kilomètre, qui a été de 50.396 francs en moyenne sur les 25.000 kilomètres du Royaume-Uni, a varié ainsi qu'il suit dans les trois parties qui le composent :

En Irlande. . . . . . . . . . . . . . . . . . . . . . 17.810 francs.
En Écosse. . . . . . . . . . . . . . . . . . . . 33.470   —
En Angleterre.. . . . . . . . . . . . . . . . . . 60.850   —

### III. — RÉMUNÉRATION DES CAPITAUX.

Si, de la recette brute. . . . . . . . . . . . . . . . . 1.282.602.850 fr.

on retranche les frais d'exploitation. . . . . . . . . . 641.309.575 —

il reste pour le produit net. . . . . . . . . . . . . . . 641.293.275 —

soit exactement 50 p. 100 de la recette brute. Ainsi les compagnies ont déboursé en 1872 650 millions environ pour en obtenir 1.300.

Le rapport de ce produit net à la dépense de construction est

$$\frac{641.293.275}{14.226.183.650} = 0,0475.$$

Ainsi le revenu moyen des capitaux a été de 4,75 p. 100.

Si, du produit net. . . . . . . . . . . . . . . . . . 641.293.275 francs.

on retranche la part afférente aux actions de préférence, aux fonds garantis et aux emprunts, soit. . . . 334.178.452   —

il reste comme dividende à distribuer aux actionnaires primitifs. . . . . . . . . . . . . . . . . . . . . . . . 307.114.823   —

On a, par suite, pour le revenu moyen des actions

$$\frac{307.114.823}{5.974.997.133} = 0,0514, \text{ soit } 5,14 \text{ pour } 100.$$

Mais ce revenu a varié beaucoup d'une compagnie à une autre. Sur une somme totale de 239 millions de livres :

33 millions n'ont reçu aucun dividende,
$10\frac{1}{2}$ millions ont reçu moins de 1 pour 100,

| | | | |
|---|---|---|---|
| 8 | — | — | de 1 à 2 — |
| $2\frac{1}{2}$ | — | — | de 2 à 3 — |
| 18 | — | — | de 3 à 4 — |
| 23 | — | — | de 4 à 5 — |
| 23 | — | — | de 5 à 6 — |
| 27 | — | — | de 6 à 7 — |
| $55\frac{1}{2}$ | — | — | de 7 à 8 — |
| 15 | — | — | de 8 à 9 — |
| 18 | — | — | de 9 à $9\frac{1}{2}$ — |
| $2\frac{1}{4}$ | — | — | de 10 à $10\frac{1}{2}$ — |
| $3\frac{1}{2}$ | — | — | de 12 à $12\frac{3}{4}$ — |

Les 33 millions de livres (33 sur 239, soit $\frac{1}{7}$) qui n'ont rien rapporté du tout pouvaient se trouver immobilisés en partie dans des lignes ou portions de lignes ne fonctionnant pas encore en 1872. Mais nous présumons qu'il faut surtout y voir un indice de la situation précaire de beaucoup de compagnies de second et de troisième ordre. La somme se répartit ainsi qu'il suit entre les trois parties du Royaume-Uni :

| | | |
|---|---|---|
| Compagnies anglaises. | $26\frac{1}{2}$ | 202 |
| — écossaises | 3 | 22 |
| — irlandaises. | $3\frac{1}{2}$ | 15 |
| | 33 | 239 |

Passons aux capitaux additionnels.

Le revenu moyen de ces capitaux, qu'il peut être intéressant de placer en regard de celui des actions ordinaires, a été de

$$\frac{334.178.455}{8.251.186.517} = 0,0459, \text{ soit } 4,59 \text{ pour } 100.$$

Sans vouloir amoindrir ici le prestige des *actions de préférence,* nous devons constater qu'il y en a pour une somme de 230 millions de francs dont le revenu, tout privilégié qu'il fût, s'est réduit à zéro.

Il y a des capitaux d'emprunt dans le même cas, n'ayant reçu aucun intérêt; il y en a pour une somme de 16 millions de francs environ. Mais cela tenait probablement à ce que les échéances n'étaient pas encore arrivées.

On a vu que les actions de préférence représentaient une somme de 114 millions de livres. Le revenu de ces actions a varié ainsi qu'il suit :

| | |
|---|---|
| Plus du quart. . . . . . . . . . . . . . | de 0   à   $4\frac{1}{4}$ pour 100 |
| Un cinquième. . . . . . . . . . . . . . . | de $4\frac{1}{2}$ à   $4\frac{5}{8}$   — |
| Environ moitié. . . . . . . . . . . . . | 5   — |
| $\frac{1}{23}$ⁿ . . . . . . . . . . . . . . . . . . . | de $5\frac{1}{2}$ à $12\frac{1}{2}$   — |

L'intérêt servi aux *fonds garantis*, dont le montant est de 64 millions de livres, se subdivise ainsi qu'il suit :

| | |
|---|---|
| Près du tiers. . . . . . . . . . . . . . | de 4   à   $4\frac{3}{4}$ pour 100 |
| Près de moitié. . . . . . . . . . . . . | de 5   à   $5\frac{1}{2}$   — |
| Près du sixième . . . . . . . . . . . . | de 6   à   $6\frac{3}{8}$   — |
| Le surplus. . . . . . . . . . . . . . . | de $2\frac{1}{2}$ à   $3\frac{7}{8}$   — <br> ou de 7 à $12\frac{1}{2}$   — |

L'intérêt des obligations est généralement compris entre 4 et 5 p. 100.

Enfin les moyennes comparées de l'année 1858 et des trois dernières se présentent ainsi qu'il suit :

| | 1858 | 1870 | 1871 | 1872 |
|---|---|---|---|---|
| Capital total. . . . . . . . . . . . . . . . . . | 3,75 | 4,19 | 4,43 | 4,75 |
| Actions ordinaires. . . . . . . . . . . . . . . | » | » | 5,07 | 5,14 |
| Actions de préférence et obligations. . . . . . . | 4,63 | 4,48 | 4,42 | 4,39 |
| Actions de préférence. . . . . . . . . . . . . . | » | 4,54 | 4,51 | 4,49 |
| Obligations. . . . . . . { à terme. . . . . . . . | . . . . . . | 4,37 | 4,25 | 4,19 |
| { perpétuelles. . . . . . | . . . . . . | 4,47 | 4,37 | 4,34 |

Ainsi le revenu moyen du capital total va en croissant d'année en année, bien que celui des capitaux additionnels aille en diminuant[1].

---

[1] Pour achever d'éclairer par un exemple cette question de rémunération des capitaux divers, nous empruntons à

#### IV. — RÉSULTATS COMPARATIFS DE L'EXPLOITATION DES VOIES FERRÉES EN ANGLETERRE ET AUX ÉTATS-UNIS.

92.000 kilomètres de voies ferrées ont produit moyennement aux États-Unis, durant l'année 1872, une recette brute de 25.800 francs, qui est juste moitié de celle constatée en Angleterre.

Cette recette se partage entre les voyageurs et les marchandises dans le rapport de 28 à 72, au lieu du rapport de 44 à 56. Le mouvement des voyageurs est véritablement exceptionnel en Angleterre comme l'est celui des marchandises de l'autre côté de l'Océan.

Les frais d'exploitation, qui s'élèvent en Angleterre à 50 p. 100 de la recette brute, sont de 65 p. 100 en Amérique. Le produit net n'est donc que de 35 p. 100 en Amérique, au lieu de 50. Cependant il représente 5,20 p. 100 de la dépense de construction en Amérique et 4,75 seulement en Angleterre. Ce renversement de la différence tient à ce que la dépense de construction n'est que de 172.000 francs par kilomètre en Amérique (toujours à la date du 1ᵉʳ janvier 1873), tandis qu'elle est de 559.000 francs en Angleterre.

L'emprunt a fourni 38 p. 100 du capital total en Angleterre et 48 p. 100 en Amérique.

un bulletin financier (qui nous parvient en cours d'impression) les principaux résultats de l'année 1873 pour le réseau du *London and North Western* :

| | CAPITAL. | REVENU DE L'ANNÉE 1873. |
|---|---|---|
| | liv. st. | liv. st. |
| Emprunts à terme.. | 5.984.158 | 650.092 |
| Obligations perpétuelles. | 14.378.243 | |
| Fonds garantis. | | 854.919 |
| Actions de préférence. | 12.608.651 | 578.237 |
| Actions ordinaires.. | 30.921.694 | 2.320.646 |
| Total. | 61.892.746 | 4.403.894 |

Au 31 décembre 1873, le développement total de ce réseau était de 1.582 ½ milles (2.546 kilomètres).

La somme (de 100 millions de dollars) prélevée en Amérique au profit des porteurs de *bonds* et autres titres d'emprunt représente un revenu moyen de 6,70 p. 100, au lieu de 4,25 environ.

Le dividende distribué aux actionnaires ne représente, en Amérique, que 3,91 du capital actions, au lieu de 5,14. La différence de ces nombres est considérable eu égard à l'inégalité du prix des capitaux dans les deux pays. Mais, en Amérique, les chemins de fer donnent une plus-value si considérable aux terrains, aux mines, aux usines, aux entrepôts, aux ports, etc., que les grands capitalistes, dont les fonds s'appliquent aux entreprises les plus diverses, se résignent sans regret à l'exiguïté du revenu des voies ferrées. C'est pour la même raison que presque toutes les villes, grandes ou petites, de l'État de New-York ont des obligations de chemins de fer. Le budget municipal de Philadelphie a contribué pour une forte somme à l'établissement du Pennsylvania Railroad. Sans ce concours des villes et les concessions gratuites de terres domaniales, les voies ferrées n'eussent pas pris en Amérique ce développement qui tient du prodige.

# RÉSUMÉ ET CONCLUSIONS DU RAPPORT

Nous rappelons simplement pour ordre les indications générales données, dans l'introduction de ce rapport, sur la distribution géographique des principaux réseaux. Il peut y avoir quelque intérêt à comparer cet enchevêtrement, spontanément éclos de la concurrence, avec l'ordonnance systématique des réseaux français. 1° Distribution des réseaux.

On admet couramment aujourd'hui en Angleterre, pour les chemins de fer ordinaires à voyageurs, des pentes atteignant 10 à 12 millimètres par mètre. Mais, pour des lignes qui doivent être parcourues à grande vitesse, alors même que les trains sont réduits à quatre ou cinq voitures, une pente de 8 millimètres est considérée comme une limite extrême. 2° Pentes.

Les courbes à petit rayon se sont multipliées pour les lignes de banlieue et pour celles qu'on a établies dans les parties accidentées du Pays de Galles et du comté de Cornouailles. Mais l'admission de ces courbes paraît subordonnée à l'emploi de locomotives spéciales, notamment de celles que l'on construit avec le *bogie* ou avant-train articulé des Américains. 3° Courbes.

Les rails *à double champignon*, pour lesquels on connaît le vieil attachement des Anglais, se maintiennent, sur les lignes encombrées, par cette considération spéciale qu'ils se remplacent plus rapidement que les autres. Mais, pour les lignes ordinaires, le rail *américain* ou Vignoles finira probablement par l'emporter. 4° Forme des rails.

En Angleterre comme en France, les rails d'acier se substituent progressive- 5° Rails d'acier.

ment aux rails de fer. Leur résistance plus grande à l'usure les fait particulièrement apprécier sur les lignes surchargées des environs de Londres et partout où les freins fonctionnent habituellement. Nous n'avons rien aperçu d'ailleurs qui indiquât que cette importante question ait été plus intelligemment et plus fructueusement étudiée par les compagnies anglaises que par les nôtres.

Nous n'avons vu nulle part qu'on ait cherché à utiliser, par une réduction du poids, la résistance plus grande que le rail d'acier présente à la flexion et à la rupture.

6° Emplacement des stations.

L'avantage de placer les stations au centre des grandes villes, contestable *a priori* à cause des frais qu'il entraîne, paraît démontré par l'universalité des applications faites en Angleterre et par l'énormité même des sacrifices consentis en vue de le réaliser. Cet avantage s'applique surtout aux trains de banlieue et à des habitudes sociales qui diffèrent des nôtres ; néanmoins, il est douteux que nous ayons rien à regretter sous ce rapport.

7° Hôtels annexés aux stations.

On annexe aux grandes stations, depuis une dizaine d'années surtout, des hôtels construits et exploités *dans l'intérêt spécial du chemin de fer*, sous le contrôle et la garantie morale des compagnies : c'est là, au point de vue des voyageurs de long parcours, un complément logique du parti pris d'amener les voies ferrées jusqu'au centre des villes.

8° Plan d'ensemble des gares de tête.

Le type définitivement et universellement admis en Angleterre pour les gares de tête *(terminus)* concentre tout le service du départ en tête des voies, au lieu de l'échelonner latéralement comme on le fait en France.

La concentration est complète : les guichets de distribution des billets, la consigne où des colis ont pu être déposés, le casier aux étiquettes pour les bagages, des buffets et buvettes, des cabinets d'aisances, des étalages de livres et journaux, une ou deux petites salles d'attente d'usage facultatif, tout est là groupé ; le voyageur qui va partir a tout sous la main. C'est véritablement pour lui que la gare est faite et aménagée.

9° Exhaussement des voitures à voyageurs.

L'usage de charger les bagages au-dessus des wagons ayant à peu près complétement disparu en Angleterre, il n'y avait plus de raison pour maintenir les voitures aussi basses. Aussi les a-t-on exhaussées en portant la hauteur intérieure à 2 mètres environ et réalisant ainsi un double avantage : accroissement de confort pour les voyageurs, agrandissement notable de l'espace disponible pour les colis posés sur le filet.

Il serait désirable que cette double amélioration fût progressivement introduite dans les wagons français; que l'on complétât la seconde en veillant à ce que, sur toutes les lignes, il y eût $0^m,30$ de hauteur libre sous les banquettes; enfin que l'on garnît, comme en Angleterre, le bord inférieur de ces banquettes de manière à amortir les chocs qui se produisent dans les collisions de trains.

Nous appelons particulièrement l'attention sur le type moderne des *voitures mixtes*, lesquelles sont de moitié plus longues que les nôtres et présentent jusqu'à cinq larges compartiments dont l'un est affecté aux bagages. 1° Ce type permet souvent de réduire le nombre des places inoccupées et conséquemment le poids mort. 2° Il facilite l'admission des trois classes dans les trains express. 3° Il est favorable au service des wagons *directs*, qui passent d'une ligne principale sur un embranchement sans transbordement de voyageurs ni de bagages.

Presque tous les fourgons à bagages sont maintenant pourvus en Angleterre d'avant-corps latéraux, vitrés en avant et en arrière, et d'où les gardes-freins peuvent exercer plus facilement une surveillance plus efficace. C'est une innovation que nous conseillons d'adopter.

Les résultats qu'a donnés depuis quatre ans la *communication électrique* établie sur les trains du London and South Eastern, — résultats conformes à ceux qui se constatent journellement ici sur le chemin de fer du Nord, — démontrent qu'on est en possession d'une solution complète du problème. Toutefois l'idée domine encore en Angleterre qu'on pourra trouver quelque autre solution plus simple, par cela même préférable, et mieux en harmonie avec l'importance réelle du but à atteindre.

L'usage permanent du *frein à air comprimé* sur la plupart des trains de la compagnie du Metropolitan District ainsi que sur deux trains du Midland, et les essais faits ou qu'on s'apprête à faire sur deux autres réseaux, nous paraissent confirmer le succès que ce système a obtenu depuis 1870 en Amérique, où il est employé plus qu'aucun autre. On sait que l'un des traits caractéristiques

10° Longues voitures mixtes.

11° Fourgons à bagages.

12° Communication électrique dans l'étendue des trains.

13° Nouveaux freins.

du frein à air comprimé est de saisir à la fois les roues de *tous* les wagons. La promptitude de l'arrêt et l'absence de toutes secousses perceptibles sont véritablement surprenantes.

Le *frein à embrayage électrique* de M. Chapin, déjà connu en France par les expériences de M. Achard, fonctionne journellement depuis une année, et d'une manière très-satisfaisante, sur un train du North London. Toutefois des expérimentations isolées n'ont pu lui donner encore la consécration qui paraît désormais acquise au frein à air comprimé.

La nécessité de recourir à ces freins énergiques, que le mécanicien manœuvre lui-même et instantanément, peut se faire sentir en France dans un avenir plus ou moins prochain. Tel serait le cas, par exemple, si l'on voulait multiplier beaucoup les trains sur le chemin de fer de Ceinture de Paris et en accélérer notablement la marche. Mais dans les circonstances ordinaires, les freins à vis suffisant, il est naturel de les préférer à d'autres qui sont plus dispendieux et plus compliqués.

14° Scie sans fin découpant à froid le fer et l'acier.

Il peut être utile de faire connaître en passant aux constructeurs de locomotives, ainsi qu'aux ingénieurs qui s'occupent du matériel de l'artillerie ou des constructions navales, qu'une machine, française d'origine, et faite pour découper le bois, est appliquée depuis six ans par les Anglais au découpage à froid du fer doux, de l'acier même, et qu'elle leur rend des services précieux.

15° Garanties contre les collisions de trains.

Tout le monde sait que les collisions de trains sont la cause des accidents les plus effroyables, le danger capital qui limite la capacité de fréquentation des voies ferrées et la vitesse des trains : l'opinion publique s'en préoccupe au plus haut point en Angleterre depuis quelques années.

On connaît et l'on pratique déjà en France, sur une partie de la ligne de Paris à la Méditerranée, le *block system* ou *système d'isolement des trains*. D'autre part, un petit *appareil d'enclanchement* fonctionne depuis 1868 à la bifurcation de Moret, et un autre s'installe en ce moment même à la bifurcation de Villeneuve-Saint-Georges. Il n'y a donc pas là d'inventions nouvelles à signaler. Mais nous croyons devoir appeler l'attention sur le développement considérable que ces mesures de précaution ont reçu progressivement chez nos voisins et sur les garanties, chaque jour mieux appréciées, qu'elles procurent pour l'exploitation des lignes encombrées. Pour les appareils d'enclanchement surtout, la période des essais nous semble pouvoir être close : le moment peut-être est venu d'en pourvoir quelques-unes de nos grandes gares, à l'instar des gares anglaises.

Nous signalons, comme complément de ces appareils, l'addition d'un mécanisme qui, adapté à la voie même, tend à prévenir la réouverture prématurée des aiguilles prises en pointe et le déraillement des derniers wagons.

Le danger de ces aiguilles diminuant, on peut être tenté de s'en servir pour accéder *directement* aux voies de garage : on supprimerait ainsi la manœuvre qui consiste à arrêter d'abord les trains de marchandises sur les voies principales, pour les refouler ensuite sur les voies de garage, quand ils doivent céder le pas à des trains de voyageurs.

Mais on peut mieux faire, et l'on fait mieux sur le *Great Northern* et sur le *London and North Western.* Au lieu de multiplier les voies de garage et les aiguilles, au lieu d'en établir tous les 5 ou 6 kilomètres, à la rencontre des postes de signaux, on accole à chacune des voies principales, — non pas sur toute la longueur des lignes, mais seulement dans les parties *faciles*, là où il n'y a ni tunnels, ni grands ponts, ni terrassements dispendieux, — une voie auxiliaire qui sert exclusivement au transport des marchandises. On peut ainsi, sans grands frais, opérer une séparation presque complète entre les deux services : on affranchit les voies principales des trains lents qui les obstruent, on affranchit les trains lents des longues heures de garage qui leur sont imposées souvent.

Ces voies latérales cependant rejoignent les voies principales à l'origine des sections accidentées, où le doublement des voies n'a pas eu lieu ; et si, la voie principale étant fermée, le train de marchandises méconnaît le signal d'arrêt, s'il continue d'avancer au moment même où l'on attend un train rapide, qu'adviendra-t-il d'une aussi dangereuse erreur ? Le cas est prévu par les prescriptions du *Board of trade :* la machine, déviée par une première aiguille que commande le signal d'arrêt, ira simplement s'échouer sur un tas de ballast, à la grande confusion du mécanicien.

Cet ensemble de mesures préservatrices nous paraît digne d'être remarqué. Elles ont été expérimentées avec succès : que l'expérience acquise nous profite ! Tripler peut-être la capacité de fréquentation de nos grandes lignes, sans sacrifier la vitesse à la sécurité, tel est l'important résultat auquel nous pouvons atteindre, nous aussi, en peu de temps, et au prix de dépenses relativement modérées.

16° Admission du public dans les gares.

On ne se borne pas, en Angleterre, à laisser librement arriver sur le quai de départ les voyageurs munis de leurs billets, usage qui devrait être depuis longtemps adopté en France. On fait plus : on admet le public même à l'intérieur des halles, en ne lui interdisant que le quai de départ dans les stations encombrées. Cette tolérance ne peut qu'être favorable à l'affluence des voyageurs; mais elle serait d'une importation prématurée chez nous.

17° Accélération du service des bagages au départ.

Il est probable qu'on accélérerait sensiblement le service des bagages dans nos grandes gares si l'on empruntait aux Anglais les dispositions suivantes : favoriser l'usage des colis portatifs que l'on case avec soi; supprimer les pesages de pure forme; laisser à un même facteur le soin de brouetter les bagages depuis le fiacre jusqu'au fourgon.

18° Voies d'accès des fiacres.

En Angleterre comme en Amérique, le quai d'arrivée est contigu, sous la halle même, à une chaussée sur laquelle les fiacres stationnent. Pour qu'on ait tenu à réaliser cette contiguïté dans des gares telles que celles de Charing Cross et de Cannon Street, il faut qu'on y attache une bien grande importance, une importance méconnue en France. Nous avons indiqué comment, profitant du relief de ces deux stations au-dessus des quais de la Tamise, on fait arriver et sortir les fiacres dans un seul et même sens.

19° Admission des voyageurs de 3° classe dans les trains express.

La seconde classe est admise dans tous les trains en Angleterre, et la troisième classe dans presque tous. Il nous semble qu'on pourrait ici entrer dans la même voie un peu plus qu'on ne l'a fait jusqu'à présent.

En termes plus généraux, nous conseillerions de chercher dans la convenance des heures de départ et d'arrivée, dans le nombre et la rapidité des trains, dans le confort des voitures, — bien plus que dans l'abaissement général des prix, — le moyen d'attirer le public et de développer le goût des voyages.

Pour la 1<sup>re</sup> et la 2<sup>e</sup> classe, les billets d'aller et retour sont pratiqués en Angleterre sur une très-grande échelle. On y voit, en dehors même de la réduction des prix, une incitation spéciale à voyager. Cependant le système n'a encore été appliqué en France que d'une façon bien restreinte aux parcours de quelque étendue. Pourquoi Paris ne serait-il pas relié ainsi avec toutes les stations du pays et chacune de nos grandes villes avec toutes les localités sur lesquelles son influence rayonne ?

Nous n'avons aucun fait nouveau à signaler relativement au service des marchandises. L'un des traits bien connus qui le distinguent, c'est qu'en Angleterre les marchandises sont expédiées le jour même où on les remet ou le lendemain. On ne les emmagasine pas au départ ; et, quand on le fait à l'arrivée, c'est moyennant des taxes si élevées que le destinataire s'empresse de prendre livraison. Le transport de ces wagons incomplétement remplis, que remorquent des machines incomplétement chargées, se fait en général à la vitesse des trains de voyageurs. Tout concourt donc à assurer la célérité de l'opération. Les frais plus grands qui en résultent retombent naturellement sur le public ; mais, sous cette importante réserve, le service est plus satisfaisant en Angleterre qu'en France.

Il n'est pas sans intérêt de remarquer la concurrence spéciale que font aux chemins de fer certaines voies navigables placées, comme celle de Leeds à Hull, dans des conditions telles que les mariniers, en voyageant toute la nuit, peuvent se charger de marchandises qui doivent être transportées dans l'intervalle du soir au matin.

------

Ainsi l'on peut constater en Angleterre un certain nombre d'idées nouvelles, écloses ou mûries dans une période de dix années environ, et qui semblent dériver surtout d'une habileté commerciale plus grande, appliquée à l'exploitation des voies ferrées. Il y a là pour nous plus d'un emprunt à faire. Mais ce qui offre plus d'intérêt peut-être, c'est le spectacle des effets produits, après une expérience de quarante ans, chez les deux grands peuples de la race anglo-saxonne, par le principe tant prôné de la libre concurrence.

17

20° Billets d'aller et retour.

21° Service des marchandises.

22° Transports qu'on peut effectuer par eau en une nuit.

D'abord, la spéculation a dépassé le but en créant dans certaines directions des lignes surabondantes, inutiles, qui grèvent à la fois le prix de revient et les frais d'exploitation. La faute est irréparable ; car on ne peut rendre à l'agriculture les terres qu'occupent ces lignes parasites ; on ne peut liquider, réaliser, porter ailleurs les fonds immobilisés dans les travaux de terrassement, dans les ponts, dans ces tunnels si nombreux sur le sol de l'Angleterre. Ce sont des capitaux perdus, détruits pour la société. Croit-on que les actionnaires soient seuls à en souffrir ?

Ceux-ci, à la vérité, ont porté directement la peine de leur imprévoyance. Admises, provoquées à entrer en lice, les Compagnies l'avaient fait vaillamment ; elles s'étaient disputé la faveur du public au prix de sacrifices parfois insensés. En vain avaient-elles compté sur un dédommagement dont les localités intermédiaires devaient faire les frais ; elles n'ont même pas obtenu, des localités concurremment desservies, une reconnaissance sans réserve. Quel singulier pays, que celui où l'on trouve des capitalistes disposés à s'immoler aussi gratuitement !

Mais il y avait là un malentendu qui ne pouvait durer, et dans lequel n'auraient pas dû tomber des esprits aussi positifs. Les compagnies s'aperçurent enfin que la lutte était une folie dans l'espèce, que les chemins de fer parallèles ne se créent pas en nombre indéfini comme on juxtapose des boulangeries ou des boucheries, qu'en dépit des prévisions législatives elles étaient maîtresses du terrain, qu'elles pouvaient absorber jusqu'aux voies navigables de l'intérieur, . et qu'elles n'avaient qu'à s'entendre pour peser, sur le public tout entier, de tout le poids d'un monopole absolu, sans limites et sans contrôle, car c'est à ce prix seulement qu'on avait pu lancer l'industrie privée dans l'arène de la concurrence.

La période des sacrifices était close dès lors pour les compagnies; les rôles allaient être intervertis. Comment s'étonner que les tarifs soient devenus excessifs ? Comment s'étonner que le commerce, de plus en plus atteint par la marée montante du monopole, ait poussé des cris d'alarme auxquels le Parlement vient de répondre par la loi du 24 Juillet, plaçant le salut public au-dessus d'une logique rigoureuse et soumettant les compagnies de chemins de fer à un tribunal d'exception ?

En face de ces imperfections, authentiquement constatées, d'un système qui est le contre-pied du nôtre, nous pouvons attendre tranquillement, en ce qui nous concerne, le jugement de l'histoire. L'histoire appréciera une sagacité pratique qui a compris à temps comment on pouvait utiliser le concours de l'industrie privée sans compromettre l'avenir commercial du pays. L'histoire enfin dira si, — sur ce modeste théâtre des œuvres de la paix, — l'administration française a bien mérité de la patrie.

Paris, 9 décembre 1873.

ÉMILE MALÉZIEUX

# TABLE ANALYTIQUE DES MATIÈRES

## INTRODUCTION



## CHAPITRE PREMIER

### CONSTRUCTION

## CHAPITRE II

### EXPLOITATION

# APPENDICE

—

## EXTRAITS

### DES TEXTES PRINCIPAUX DE LA LÉGISLATION ANGLAISE

#### EN MATIÈRE DE CHEMINS DE FER.

Bien que l'étude qui précède dût porter essentiellement sur l'observation des faits, elle nous a forcément conduit à feuilleter les textes ; nous avons parcouru les actes du Parlement qui concernent les chemins de fer en général, et nous avons à mesure noté en substance, d'un point de vue exclusivement pratique, tout ce qui nous intéressait. Ce sont ces notes que nous allons transcrire, et nous les transcrivons dans l'ordre même où elles ont été recueillies, l'ordre chronologique. Il pourrait se justifier à la rigueur. Les Anglais sont peu enclins à légiférer *a priori* ; ils attendent volontiers que le besoin s'en fasse sentir ; on peut donc retrouver, dans la succession des mesures législatives que les chemins de fer ont provoquées, la trace des lacunes, des *desiderata*, qui se sont successivement révélés dans le fonctionnement d'un régime dont la simplicité primitive n'était pas en rapport avec la complexité du problème à résoudre ; et le désordre même de ces matières chronologiquement rassemblées pourrait, par suite, offrir un intérêt d'étude particulier.

Mais les simples extraits qui vont suivre, décousus et incohérents comme ils sont, ne sont pas faits pour être lus de suite, et personne ne les lira ainsi. On y cherchera tout au plus des renseignements sur des points déterminés de la législation anglaise. Pour faciliter du moins ces recherches, nous indiquerons en terminant une classification rationnelle des matières.

18

Les textes dont il s'agit sont officiellement désignés comme l'indique le tableau suivant :

| NUMÉROS D'ORDRE DES ACTES CITÉS. | ANNO | | CAP. | TITRE | NUMÉROS DES PAGES. |
|---|---|---|---|---|---|
| | DOM. | VICT. | | | |
| 1 | 1842 | 5 et 6 | 55 | Regulation of Railways. | 139 |
| 2 | 1844 | 7 et 8 | 85 | Regulation of Railways.. | 141 |
| 3 | 1845 | 8 et 9 | 16 | Companies clauses consolidation. | 144 |
| 4 | Id. | Id. | 18 | Lands' clauses consolidation. | 146 |
| 5 | Id. | Id. | 20 | Railways clauses consolidation. | 147 |
| 6 | Id. | Id. | 96 | Railways' Leasing.. | 150 |
| 7 | 1854 | 17 et 18 | 51 | Railways and canal traffic. | 151 |
| 8 | 1860 | 23 et 24 | 106 | Lands clauses amendment. | 151 |
| 9 | 1863 | 26 et 27 | 92 | Railways clauses. | 152 |
| 10 | Id. | Id. | 118 | Companies clauses. | 153 |
| 11 | 1864 | 27 et 28 | 120 | Railway Companies' Powers. | 155 |
| 12 | Id. | Id. | 121 | Railways construction facilities.. | 157 |
| 13 | 1867 | 30 et 31 | 127 | Railways companies.. | 158 |
| 14 | 1868 | 31 et 32 | 110 | Telegraph. | 160 |
| 15 | Id. | Id. | 119 | Regulation of Railways.. | 162 |
| 16 | 1869 | 32 et 33 | 48 | Companies clauses. | 165 |
| 17 | 1871 | 34 et 35 | 78 | Regulation of Railways.. | 166 |
| 18 | 1873 | 36 et 37 | 48 | Railway and canal traffic.. | 167 |

## N° 1.

( 30 juillet 1842. — 5 et 6 Vict., C. 55 [1] )

---

# REGULATION OF RAILWAYS.

ACTE AYANT POUR OBJET D'AMÉLIORER LA RÉGLEMENTATION DES CHEMINS DE FER.

Art. 4 à 6. — Avant d'ouvrir aucune portion de chemin de fer au service des voyageurs, toute compagnie doit en donner avis au Board of Trade [2]. Elle doit ensuite l'informer que la ligne lui paraît suffisamment sûre et prête à subir l'inspection réglementaire. Ces deux notifications, faites par écrit, doivent être suivies d'un délai minimum d'un mois pour la première et dix jours pour la seconde [3].  *(Réception des lignes par le Board of Trade.)*

Si les fonctionnaires délégués par le Board of Trade émettent l'avis motivé que la ligne, à raison de l'inachèvement des travaux ou de l'insuffisance des dispositions prises pour l'exploitation, ne présente pas une sûreté suffisante, le Board of Trade pourra enjoindre à la Compagnie de différer l'ouverture. On procédera de même après l'exécution des travaux complémentaires. L'ajournement ne pourra jamais être de plus d'un mois à la fois. Une copie du rapport sur lequel la décision est prise devra toujours être remise à la Compagnie.

[1] Cet acte, voté par le Parlement le 30 juillet 1842 et converti en loi par la sanction royale, forme le chapitre 55 de la Session correspondante aux années 5 et 6 du règne de la reine Victoria.

[2] Le texte dit : «..... aux lords du comité du conseil privé de Sa Majesté nommé pour le commerce et les établissements étrangers (foreign *plantations* : style de l'an 1660). » Il sera question plus loin des « lords commissaires de la Trésorerie de Sa Majesté ». — Il n'y a de ministres en Angleterre ni pour le Commerce, ni pour les Finances, ni même pour la Guerre. C'est à des comités, jamais à un seul homme, que les Anglais confient la direction des grandes administrations publiques.

[3] Une première loi du 10 août 1840 (3 et 4 Vict., C. 97) avait prescrit que les deux avis préalables à l'ouverture des lignes fussent donnés pour un service de marchandises aussi bien que pour un service de voyageurs. Le rapprochement des deux textes suffirait donc pour montrer qu'en 1842 on entendait limiter l'intervention du Board of Trade, c'est-à-dire le Contrôle administratif, à ce qui intéresse la sûreté publique.

Toute ouverture de ligne faite sans l'autorisation du Board of Trade entraînera pour la Compagnie une amende de 20 livres par jour.

*Avis à donner des accidents.*

Art. 7 et 8. — Dans les 48 heures qui suivront tout accident ayant occasionné à des voyageurs des blessures sérieuses, la Compagnie devra en donner avis au Board of Trade. Toute omission volontaire (la loi ne parle pas des autres) sera punie d'une amende de 5 livres par jour de retard. Le Board of Trade pourra d'ailleurs exiger que la Compagnie lui rende compte de tout accident sérieux (*serious*), même quand il n'aurait pas donné lieu à des blessures.

*Passages à niveau.*

Art. 9. — Les barrières des passages à niveau, qui jusqu'alors avaient été tenues habituellement ouvertes pour le passage des piétons, du bétail, des chariots et des voitures, ne s'ouvrant que momentanément pour les trains et machines, seront, au contraire, désormais ouvertes en principe pour les véhicules de la voie ferrée. Cependant le Board of Trade pourra, dans tous les cas où il le jugerait préférable pour la sûreté publique, subordonner comme autrefois le passage des wagons à celui des voitures ordinaires.

*Clôtures.*

Art. 10. — Les Compagnies de chemins de fer sont tenues d'établir des clôtures et de les entretenir dans toute la longueur de leurs lignes respectives.

*Maintien éventuel d'un droit d'expropriation.*

Art. 15. — Quand le Board of Trade certifiera que la sûreté publique exige l'élargissement d'un remblai ou l'adoucissement des talus d'une tranchée, un certificat pareil fera revivre, au profit de la Compagnie, le droit d'expropriation que son acte de concession ne lui avait conféré que pour un temps limité. Mais la Compagnie est tenue de prévenir par écrit, 14 jours à l'avance, les propriétaires du terrain et toutes autres personnes qui sont, à sa connaissance, intéressées dans la question, de l'intention où elle est de s'adresser à l'autorité administrative. Le Board of Trade écoutera toutes les objections avant de délivrer le certificat ; et si finalement il le refuse, il pourra mettre à la charge de la Compagnie les frais occasionnés aux riverains par cette entreprise avortée.

*Poids des wagons.*

Art. 16. — Est rapportée une disposition antérieurement insérée dans différents actes de concession et qui limitait à 4 tonnes (véhicule compris) le poids des voitures qu'on pouvait mettre en circulation sur les chemins de fer.

*Agents en état d'ivresse.*

Art. 17. — Les employés des compagnies, les constables spéciaux et toutes autres personnes qu'ils appelleraient à leur aide auront le droit d'arrêter et de conduire chez le juge de paix tout mécanicien, conducteur, garde, facteur ou autre agent de l'exploitation ou de l'entretien qui serait trouvé en état d'ivresse dans l'exercice de ses fonctions, qui contreviendrait aux règlements de la Compagnie, qui commettrait volontairement ou par négligence des actes compromettants pour la sûreté publique. Le juge de paix est autorisé à procéder sommairement contre le prévenu et à le condamner soit à une amende pouvant atteindre 10 livres, soit à la prison, avec ou sans travaux forcés, pour une période pouvant atteindre deux mois [1].

---

[1] L'ivrognerie paraît jouer un rôle important dans les accidents de chemins de fer en Angleterre. Du reste, il suffit d'avoir circulé le samedi à partir de sept heures du soir dans les rues les plus importantes de Newcastle et surtout de Glasgow, encombrées alors de promeneurs, pour concevoir les proportions que peut prendre ce vice endémique : rien en France ne peut en donner l'idée.

En Amérique, l'ivresse n'avait d'abord été prévue que chez les mécaniciens et les chefs de trains [*Rapport de mission*, p. 262]. Mais, par une loi en date du 9 avril 1871, la législature de l'État de New-York leur a adjoint les pré-

# N° 2.

(9 août 1844. — 7 et 8 Vict , C. 85.)

---

# REGULATION OF RAILWAYS.

ACTE AYANT POUR OBJET D'ATTACHER CERTAINES CONDITIONS A LA CONSTRUCTION DES CHEMINS DE FER
QUI S'ÉTABLIRONT DÉSORMAIS.

Art. 1er. — Vingt et un ans après le 1er janvier qui suivra immédiatement la concession d'un nouveau chemin de fer, si le bénéfice net réparti entre les actionnaires pendant trois années consécutives a atteint ou dépassé en moyenne 10 p. 100 du capital versé par eux, les lords commissaires de la Trésorerie pourront, après avoir prévenu la Compagnie trois mois à l'avance, reviser le tarif des droits de péage, des prix de transport et des frais divers, dont le maximum a été fixé par les actes de concession, et fixer un autre tarif qui, dans leur opinion, et en supposant que le trafic reste le même au double point de vue de la nature et de la quantité, paraisse devoir réduire le dividende à 10 p. 100. Mais le tarif revisé ne s'appliquera qu'avec la garantie de l'État pour un dividende annuel de 10 p. 100 ; et d'autre part, pendant une nouvelle période de vingt et un ans, aucune révision nouvelle ne pourra être imposée à la Compagnie. *[Révision éventuelle des tarifs maxima par le Gouvernement.]*

Art. 2. — Les lords commissaires de la Trésorerie pourront aussi, après cette période de vingt et un ans, et quel que soit le dividende distribué, racheter les chemins de fer avec tout leur outillage aux conditions indiquées ci-après. Les Compagnies, prévenues trois mois à l'avance, recevront à titre d'indemnité une somme égale à vingt-cinq fois le dividende moyen des trois dernières années. Cependant, si ce dividende représentait moins de 10 p. 100 et que la Compagnie regardât l'indemnité ainsi calculée comme insuffisante eu égard aux plus-values probables de l'avenir, elle aurait le droit de déférer à un arbitrage l'appréciation du supplément qui lui paraîtrait dû. D'ailleurs cette option du rachat ne pourra s'exercer que du consentement des Compagnies tant que les tarifs réduits seront en vigueur. *[Rachat éventuel des lignes.]*

posés aux bagages (*service de route*), les gardes-freins, les aiguilleurs, les chauffeurs, les pontiers (on sait que les Américains ne redoutent pas l'usage des ponts-tournants), les agents chargés des signaux fixes ou mobiles, enfin tous ceux qui sont attachés à un titre quelconque au service du mouvement. Le seul fait d'être en état d'ivresse dans l'exercice de leurs fonctions les rend passibles d'une amende qui peut atteindre 100 dollars ou d'un emprisonnement qui peut être de 6 mois. — Ces peines sont, comme on le voit, plus graves que celles prévues par la législation anglaise.

Art. 3. — La clause de révision ou de rachat n'aura pas d'effet rétroactif. Elle ne s'appliquera même pas aux embranchements ou prolongements de moins de huit kilomètres que pourront construire les compagnies antérieurement autorisées. Elle ne pourra s'appliquer à un embranchement sans comprendre la ligne principale, si la Compagnie le requiert.

Art. 4: — Enfin le Parlement n'entend nullement donner à l'administration le droit de décider ces questions, le cas échéant. Il réserve explicitement à la législature le soin d'apprécier l'opportunité d'une garantie de revenu de 10 p. 100 ou d'un rachat dont il faudra trouver la rançon. Il repousse dès à présent l'idée que les ressources du Trésor public puissent être employées à faire une injuste concurrence (*an undue competition*) à des compagnies particulières. Le gouvernement ne pourra même présenter à l'une ou l'autre Chambre aucun projet de loi tendant à la révision des tarifs ou au rachat sans en avoir prévenu, trois mois à l'avance, les compagnies intéressées [1].

Trains à bon marché.

Art. 6 à 9. — Les compagnies nouvelles et celles qui obtiendraient quelque modification à des droits antérieurement conférés seront désormais soumises à l'obligation de faire journellement un train particulier à l'usage des voyageurs de troisième classe dans toute l'étendue de leurs différentes lignes : le dimanche seulement, le train n'aura pas lieu ; une autre exception sera faite, sauf en Écosse, pour le jour de Noël et le Vendredi-Saint. L'heure de départ de ce train particulier sera soumise à l'approbation du Board of Trade. Il marchera à une vitesse moyenne de 12 milles au moins (19 kilomètres), y compris les temps d'arrêt. Il prendra ou déposera des voyageurs, si la demande en est faite, à toutes les stations. Les voitures seront closes et pourvues de sièges. Le prix n'excédera pas un penny par mille ($6\frac{1}{2}$ centimes par kilomètre). Chaque voyageur aura droit au transport gratuit de 50 livres (23 kilogrammes) de bagage, mais de bagage personnel, et non de marchandises [2]. Les enfants ne payeront pas au-dessous de trois ans et ne payeront que demi-place de trois à douze ans.

La sanction pénale est une amende de 20 livres par jour pour chaque compagnie.

Du reste, le Board of Trade peut autoriser les compagnies à modifier dans leur ensemble les conditions qui précèdent, le prix seul excepté, s'il juge que les modifications seront avantageuses au public spécial dont on se préoccupe ici.

Aucun impôt ne sera perçu au profit de l'État sur les recettes provenant du transport des voyageurs à des prix n'excédant pas un penny par mille par les trains en question (*by any such cheap train as aforesaid*) [3].

Trains-postes.

Art. 11. — Attendu qu'il convient d'étendre les dispositions stipulées en 1857 dans la loi qui régit le transport des malles par chemin de fer, le Directeur général des Postes pourra désormais exiger que ce transport ait lieu à toute vitesse que l'inspecteur général des chemins de fer cer-

---

[1] Il est clair que toutes ces restrictions rendaient pratiquement illusoire la faculté de rachat créée par la loi de 1844. Ce n'est pas en 1873 que les compagnies de chemins de fer feraient admettre par le Parlement des dispositions empreintes d'une sollicitude si manifeste pour leurs intérêts.

[2] Nous avons déjà signalé cette distinction légale en parlant des chemins de fer des États-Unis. (*Rapport de mission*, p. 167.)

[3] Phrase un peu ambiguë, sur laquelle les Compagnies ont basé la prétention de soustraire à l'impôt les recettes des trains de plaisir, alléguant que les prix étaient inférieurs à un penny par mille.

tifiera être sans danger, cette vitesse d'ailleurs ne dépassant pas 27 milles (43 kilomètres) à l'heure, y compris les temps d'arrêt[1]. Mais le Directeur général des Postes n'aura aucune action sur les trains ordinaires de voyageurs[2].

ART. 12. — Les Compagnies nouvelles et celles dont les actes de concession seraient revisés seront tenues désormais de transporter les militaires, les marins et le personnel de la police à des prix n'excédant pas deux pence par mille pour les officiers, lesquels sont autorisés à monter dans les voitures de 1<sup>re</sup> classe, et un penny pour les soldats, ainsi que pour les femmes de ceux-ci, leurs veuves et leurs enfants au-dessus de douze ans, quand les uns et les autres sont autorisés à voyager aux frais du trésor public. Le prix est réduit à moitié pour les enfants de 3 à 12 ans et à zéro pour les autres[3]. *(Transport des militaires, des marins et du personnel de la police.)*

ART. 19. — Toute compagnie de chemin de fer qui émettrait désormais des bons d'emprunt (*loan notes*), ou autres valeurs négociables, sans y avoir été autorisée par son acte de concession, serait passible d'une amende égale au montant des titres émis. *(Emprunts.)*

ART. 25. — L'expression « *chemin de fer à voyageurs* » s'applique aux lignes dont les recettes brutes annuelles proviennent, pour un tiers au moins, de voyageurs transportés à l'aide de la vapeur ou de quelque autre moteur mécanique. (La loi de 1842, Art. 12, avait dit, en termes un peu différents, que le tiers des recettes brutes devait provenir de transports autres que celui des charbons, des minerais et des métaux.) *(Définition.)*

---

[1] De semblables dispositions conservent tout au moins un intérêt historique.

[2] Aux termes d'une loi du 31 juillet 1868 (art. 36), les trains spécialement affectés au transport des dépêches ne prennent des voyageurs ou des marchandises qu'avec la permission du Directeur général des Postes.

[3] Ces prix, qui équivalent pour les officiers à 13 centimes et pour les soldats à 6 ½ par kilomètre, sont bien supérieurs au « *quart du tarif* » stipulé par l'art. 54 de notre Cahier des charges de 1859. — Pour d'autres éléments de comparaison sur ce point spécial entre les deux législations, voir : 1° le « Code annoté des chemins de fer » de M. l'ingénieur en chef Lamé-Fleury, 3<sup>e</sup> édition, p. 117 et 545 ; 2° les leçons faites à l'École des ponts et chaussées sur l'exploitation des chemins de fer par M. l'ingénieur en chef Jacqmin, t. I, p. 327.

# N° 3.

(8 mai 1845. — 8 Vict., C. 16.)

---

# LANDS'CLAUSES CONSOLIDATION.

### ACTE AYANT POUR OBJET DE RÉUNIR CERTAINES CLAUSES HABITUELLEMENT IMPOSÉES AUX COMPAGNIES QUI SE CONSTITUENT POUR DES ENTREPRISES D'UTILITÉ PUBLIQUE.

**Interprétation de certains mots.**   Art. 2 à 4. — Quand on parlera ci-après de « *l'acte spécial* », on entendra l'acte du Parlement qui autorise une compagnie à réaliser une entreprise avec les capitaux réunis des membres qui la composent.

« Les mots qui ne s'emploient qu'au singulier comprennent cependant l'idée de la pluralité ; « et réciproquement. Les mots qui ne s'emploient qu'au genre masculin comprennent cependant « les femmes. »

Le mot *mois* signifie un mois tel qu'on les compte dans le calendrier.

Le mot *serment* comprend l'affirmation pure et simple dans la bouche des quakers, ou toute autre déclaration légalement substituée au serment pour les personnes que la loi a dispensées de le prêter [1].

Quand on citera le présent acte dans d'autres actes du parlement ou dans des pièces juridiques, il suffira de dire : « L'acte de réunion des clauses imposées aux Compagnies, 1845 (*The Companies clauses consolidation act*, 1845). »

**Création d'actions.**   Art. 6. — Le capital de la Compagnie sera divisé en parts ou actions dont le nombre et la valeur seront déterminés, et qu'on numérotera suivant une série arithmétique commençant au nombre 1. Chaque action sera distinguée par son numéro.

**Emprunts sur bons hypothécaires ou autres.**   Art. 38. — Dans la limite des autorisations conférées par *l'acte spécial*, et après avoir obtenu l'assentiment des actionnaires réunis en assemblée générale, la Compagnie pourra emprunter en hypothéquant l'entreprise et les appels de fonds qui resteraient à faire, ou bien en émettant des bons ordinaires.

**Renouvellement des emprunts.**   Art. 39. — Un emprunt remboursé pourra être renouvelé, mais toujours avec l'assentiment des actionnaires.

---

[1] Nous ne reproduisons ici qu'une partie de ces définitions, que des scrupules peut-être excessifs ou des précautions bien étranges ramènent si souvent en tête des lois anglaises.

Art. 40. — [La loi fixe ici les formes dans lesquelles le Conseil d'administration doit justifier soit du consentement des actionnaires, soit du montant réalisé des souscriptions ou des versements auquel *l'acte spécial* subordonne la faculté d'emprunter.]

Art. 42. — Aucune différence ne sera faite entre les porteurs de créances hypothécaires à raison des dates des titres ou de celles des réunions dans lesquelles les emprunts auront été autorisés.

Art. 56. — La Compagnie, autorisée à se procurer par voie d'emprunt un capital additionnel, aura le droit de le chercher, en tout ou en partie, dans la création d'actions nouvelles, et, si l'emprunt est réalisé, d'en convertir une partie en actions. Mais cette augmentation du capital ordinaire ne pourra s'opérer sans l'assentiment préalable d'une assemblée générale. *Création d'actions nouvelles.*

Art. 58. — Si, à l'époque de cette création, les actions sont à un cours supérieur à leur valeur nominale, on fixera le nombre des nouveaux titres de façon à pouvoir les répartir entre les anciens actionnaires proportionnellement au nombre d'actions qu'ils possèdent respectivement.

Art. 59. — Faute par ceux-ci d'exercer leur privilége, on disposera des nouvelles actions au mieux des intérêts de la Société.

Art. 60. — Si les actions primitives sont au-dessous du pair, la Compagnie émettra les nouvelles comme bon lui semblera.

Art. 61. — La Compagnie pourra, avec le consentement des $\frac{2}{5}$ des actionnaires, réunir en un seul et même fonds tout le capital correspondant aux diverses actions libérées et répartir ce fonds au prorata des droits de chacun. *Unification des actions.*

Art. 65. — Tout l'argent encaissé par la Compagnie et provenant soit de versements d'actionnaires, soit d'emprunts ou d'autres ressources, doit être employé d'abord à acquitter les frais qu'elle aura dû faire pour obtenir son *acte spécial*[1]. *Premier emploi des fonds.*

---

[1] Pour comprendre l'importance de cette disposition, il faut se rappeler que les frais de la procédure parlementaire sont considérables. La concession du chemin de fer de Londres à Birmingham avait coûté 1.821.450 francs en 1833 et celle du Great-Western 2.217.750 francs en 1835. Ces frais n'ont fait que s'accroître avec la complication des réseaux et l'ardeur des compétitions. — Dans un voyage qu'il fit au Canada lors de la construction du pont de Montréal, M. Robert Stephenson citait un jour un acte qui avait coûté près de 11 millions de francs à obtenir.

# N° 4.

(8 mai 1845. — 8 et 9 Vict., C. 18.)

## LANDS' CLAUSES CONSOLIDATION.

ACTE AYANT POUR OBJET DE RÉUNIR CERTAINES DISPOSITIONS HABITUELLEMENT INSÉRÉES DANS LES ACTES
QUI AUTORISENT L'OCCUPATION DES TERRAINS POUR CAUSE D'UTILITÉ PUBLIQUE.

*Indemnités de terrains payées au moyen d'annuités. Expropriation forcée.*

Art. 10. — Tout propriétaire qui a la libre disponibilité de son terrain peut le vendre, en tout ou en partie, à une Compagnie de chemin de fer contre une rente annuelle.

Art. 16 et 17. — Une Compagnie ne peut exercer le droit d'expropriation, qui lui est conféré par son *acte spécial* sur des immeubles déterminés, qu'après avoir justifié de la souscription intégrale du capital de l'entreprise. Cette justification résulte d'un certificat signé par deux juges.

Art. 22. — A défaut d'arrangement amiable sur le prix de l'occupation, et si la demande n'excède pas 50 livres, l'indemnité doit être réglée par deux juges.

Art. 23 et 25. — Si l'indemnitaire demande plus de 50 livres et s'il notifie à la Cómpagnie, avant que celle-ci n'ait provoqué la réunion du jury, son désir de faire régler le litige par un arbitrage, il doit être obtempéré à ce désir. Mais si cette notification n'a pas été faite ou que les deux arbitres, respectivement désignés par les parties, soient restés pendant trois mois sans faire connaître leur décision, le règlement de l'indemnité est déféré à un jury de douze personnes.

Art. 84. — A moins de consentement amiable, la Compagnie ne peut entrer en possession des terrains qu'après avoir payé aux ayants droit ou consigné le montant des indemnités.

Art. 91. — Dès qu'elle est en règle, si le détenteur s'obstine à ne pas vider les lieux, le shériff doit l'y contraindre à la requête de la Compagnie.

Art. 123. — Le droit d'expropriation ne peut être exercé que durant une période fixée par l'acte de concession ou, à défaut de stipulation spéciale, dans un délai de trois ans après que la concession est devenue définitive. [Ceci laisse probablement subsister l'éventualité prévue dans la loi de 1842.]

*Terrains demeurés sans emploi.*

Art. 127. — Les terrains demeurés sans emploi pour le service du chemin de fer doivent être revendus par la Compagnie dans un délai maximum de dix ans, s'il n'en a pas été indiqué d'autre dans l'acte de concession, après l'époque fixée pour l'achèvement des travaux. Faute de quoi, les terrains écherraient aux propriétaires des fonds adjacents, chacun en droit-soi, et deviendraient leur propriété.

Art. 128. — Si ces terrains ont été détachés par l'expropriation de parcelles plus étendues, les propriétaires actuels de la partie restante auront un droit de préemption à exercer dans un délai de six semaines après l'avis qui doit leur en être donné. S'ils n'en usent pas, ou si la Compagnie, après de diligentes recherches, n'a pu découvrir les personnes auxquelles doit être adressée cette offre légale, c'est aux propriétaires adjacents, dans l'ordre de leur intérêt naturel à l'acquisition, que le terrain devra être offert.

Art. 129. — La réponse aux offres dont il vient d'être question devra être faite dans un délai de six semaines.

Art. 130. — A défaut d'entente amiable, le prix devra être réglé par arbitrage[1].

---

## N° 5.

(8 mai 1845. — 8 et 9 Vict., C. 20).

---

# RAILWAYS'CLAUSES CONSOLIDATION.

### ACTE AYANT POUR OBJET DE RÉUNIR CERTAINES CLAUSES HABITUELLEMENT INSÉRÉES DANS LES ACTES QUI AUTORISENT A CONSTRUIRE DES CHEMINS DE FER.

Art. 11. — La Compagnie ne pourra, sur aucun point, sans le consentement écrit des propriétaires riverains, changer de plus de 5 pieds ($1^m,52$) les niveaux indiqués sur le profil en long approuvé par le Parlement. Cette latitude sera même réduite à 2 pieds ($0^m,61$) dans la

*Changements aux projets approuvés par le Parlement.*

---

[1] L'intérêt de cette question sera compris des ingénieurs qui, après s'être occupés de l'acquisition des terrains nécessaires à l'établissement d'un chemin de fer ou d'un canal, ont eu à préparer finalement la remise à l'administration des Domaines et l'aliénation des bouts de parcelles demeurés sans emploi. Ceux-ci sont en bien plus grand nombre qu'on ne le supposerait *a priori*.

L'article 128 de la loi anglaise de 1845 consacre le droit de préemption stipulé par l'article 60 de notre loi du 3 mai 1841 ; mais il ne dit pas « *les anciens propriétaires ou leurs ayants droit* », il ne laisse pas la porte ouverte traversée des villes, des villages, des rues et des propriétés closes de murs. Cependant, quand il s'agira d'abaisser un remblai ou un viaduc, si l'abaissement ne doit pas avoir pour conséquence de réduire la hauteur minimum de passage fixée par l'acte du Parlement pour la traversée des routes, des rues ou des canaux, la Compagnie ne sera pas liée par les chiffres ci-dessus posés.

Art. 13. — Quand le plan et le profil approuvés indiquent qu'un tunnel doit être établi quelque part, il faut que la Compagnie l'établisse, à moins qu'elle n'en soit dispensée par les propriétaires, les locataires et les détenteurs du terrain dans lequel le tunnel était projeté.

Art. 14. — La Compagnie peut, sous la réserve des stipulations de l'art. 11, diminuer les pentes prévues. Elle peut aussi les augmenter jusqu'à concurrence de 10 ou de 3 pieds par mille ($1^{mm}$,89 ou $0^{mm}$,57 par mètre) suivant que l'inclinaison approuvée est inférieure ou supérieure à $\frac{1}{100}$ ($10^{mm}$ par mètre). L'augmentation peut d'ailleurs être plus grande si le Board of Trade n'y voit ni péril, ni préjudice pour le public.

La Compagnie peut réduire à un demi-mille (805 mètres) le rayon des courbes ; elle peut même le réduire davantage avec l'autorisation du Board of Trade.

Cette même autorisation lui permet de substituer un tunnel à une tranchée marquée sur le plan, ou un viaduc à un remblai.

_Terrains._

Art. 15. — La Compagnie peut sortir des limites indiquées sur le plan, pourvu que la déviation ne dépasse pas 10 yards ($9^m$,14) dans la traversée des villes, villages ou propriétés closes de murs, et 100 yards (91 mètres) en plein champ[1]. Il faut d'ailleurs que les noms des propriétaires, locataires et détenteurs des terrains ainsi occupés en sus des prévisions aient figuré sur le registre soumis au Parlement avec la demande de concession.

_Ce que la Compagnie peut construire._

Art. 16. — Le périmètre d'action étant ainsi délimité, la Compagnie peut « faire ou construire « dans, sur, à travers, par-dessous ou par-dessus tous terrains, rues, collines, vallées, routes « de terre, chemins à rails de fer ou de bois, rivières, canaux, ruisseaux, torrents ou autres « cours d'eau, les ouvrages provisoires ou définitifs qui lui conviendront : des plans inclinés, des « tunnels, des remblais, des aqueducs, des ponts, des routes, des chemins, des passages, des « conduites d'eau, des drains, des piles, des voûtes, des tranchées _et_ des clôtures. »

La Compagnie peut dévier, à titre temporaire ou définitif, les cours d'eau non navigables, en relever ou abaisser le niveau, faire passer les routes et les rues par-dessous ou par-dessus les

---

à des contestations que nous avons vues s'élever, relativement à l'exercice du droit de préemption, entre les anciens propriétaires du terrain demeuré sans emploi et les propriétaires actuels du surplus de la parcelle primitive. [Voir à ce sujet les _Conférences de Droit administratif faites à l'École des ponts et chaussées_ par M. le conseiller d'État Aucoc, 1870, t. II, p. 374.] — D'autre part, l'_ayant droit_ n'est pas sûr, comme chez nous, de recouvrer le terrain à un prix qui n'excède pas celui de l'acquisition.

À défaut d'exercice du droit de préemption, la loi anglaise stipule un privilége au profit des riverains. Ce privilége n'est autre que celui stipulé chez nous par la loi du 16 septembre 1807 (art. 53) pour les terrains retranchés de la voie publique et, plus explicitement, par la loi du 24 mai 1842 pour les terrains retranchés des routes. Donc, rien de neuf à apprendre ici pour nous.

Mais la prescription décennale inscrite dans l'article 127, qui tend à mettre un terme à l'inutilisation de certains terrains, mérite d'être remarquée.

[1] On peut s'étonner de voir enfermer dans une formule législative des spécifications numériques qui, de leur nature, s'y prêtent aussi mal.

rails, etc., etc., pourvu qu'elle cause aussi peu de dommage que possible et qu'elle donne ample satisfaction à tous les intérêts lésés.

ART. 46. — A moins d'une autorisation consignée dans l'acte de concession, il est interdit de traverser à niveau des routes publiques.  Passages à niveau.

ART. 47. — Les passages à niveau dont l'établissement sera autorisé devront être munis de barrières qui ne s'ouvriront que temporairement pour laisser passer à travers la voie de fer les piétons, le bétail, les chariots et les voitures. Par exception seulement, et quand le Board of Trade jugera que la combinaison inverse vaut mieux pour la sûreté publique, les portes seront tenues habituellement fermées à l'encontre des wagons[1].

ART. 49. — A moins de stipulations spéciales, tout pont sous rails présentera une ouverture d'au moins 35 pieds (10m,67) s'il s'agit d'une route à péage, 25 pieds (7m,62) si la route est gratuitement livrée au public et 12 pieds (3m,66) si c'est un chemin particulier.  Ponts sous rails.

Sur une largeur qui, dans les trois cas, sera respectivement de 12, 10 et 9 pieds (3m,66, 5m,05 et 2m,75), la hauteur de passage devra ne pas être inférieure à 16, 15 et 14 pieds (4m,88, 4m,57 et 4m,27). Si le pont est en maçonnerie, la hauteur libre aux naissances de la voûte sera de 12 pieds (3m,66) au moins.

Les pentes d'accès de la route ainsi abaissée n'excéderont pas $\frac{1}{30}$, $\frac{1}{20}$ et $\frac{1}{16}$. Si d'ailleurs le chemin particulier était antérieurement muni de rails, une stipulation formelle de l'acte de concession permettrait seule d'en augmenter la pente.

ART. 50. — La première condition attachée à l'établissement d'un pont sur rails, c'est qu'il soit pourvu de garde-corps ayant au moins 4 pieds de hauteur d'une culée à l'autre et 3 pieds aux abords (1m,22 et 0m,91).  Ponts sur rails

Entre ces garde-corps, la largeur de passage sera la même que celle ci-dessus indiquée pour les ponts sous rails. Les prescriptions relatives à l'inclinaison des rampes d'accès sont les mêmes aussi.

La largeur du pont pourra cependant, sans jamais descendre au-dessous de 20 pieds, être réduite à celle que la route peut présenter en moyenne, dans les deux premiers cas, sur une longueur de 50 yards (45m,70) à partir du point d'intersection des deux voies. Mais alors la Compagnie restera tenue d'élargir ultérieurement le pont à ses frais de toute la quantité dont la route viendrait à être élargie.

ART. 54. — Toute compagnie qui interceptera la circulation sur un chemin avant de l'avoir convenablement rétablie par une autre voie payera, sans préjudice du droit des tiers, une amende de 20 livres par jour de retard.  Chemins interceptés.

ART. 90. — « Attendu qu'il convient que la Compagnie puisse modifier ses prix de façon à les accommoder aux circonstances variables du trafic, mais que cette faculté ne doit servir ni à léser ou à favoriser des intérêts privés, ni à créer un monopole déloyal entre les mains de la  Liberté de modification<br>des tarifs.

---

[1] Simple répétition de la loi de 1842 (art. 9). — En Amérique, les rues dans lesquelles circulent les locomotives et les trains restent librement accessibles en tous sens. C'est aux piétons à se garer. Par une loi du 7 mai 1872, la législature de l'État de New-York a expressément enjoint aux processions ou autres cortéges de s'arrêter pour laisser passer les trains aux passages à niveau.

« Compagnie ou de certains individus, la Compagnie est autorisée à changer à sa convenance,
« dans la limite des maxima fixés par l'acte de concession, les prix de transport perçus par elle
« sur tout ou partie de son réseau. Elle est seulement tenue à ce que ces prix soient les mêmes
« pour tout le monde, calculés sur la même base, la tonne kilométrique ou autre (*Whether per
« ton per mile or otherwise*), s'appliquant à tous les voyageurs comme à toutes les marchandises,
« aux voitures du même genre, à des véhicules et machines semblables parcourant dans des
« circonstances pareilles la même portion du réseau. Aucune remise dans les prix ne sera faite
« de façon à favoriser, directement ou indirectement, soit une compagnie, soit l'un quelconque
« des clients de la voie ferrée. »

Foyers fumivores.   ART. 114. — Les locomotives qui emploient de la houille ou d'autres combustibles analogues
doivent être construites en vue de consumer leur fumée, faute de quoi chacune d'elles donnera
lieu à une amende de 5 livres par jour.

------

# N° 6.

(4 août 1845. — 8 et 9 Vict., 96.)

------

# RAILWAYS LEASING.

[Il est désormais défendu de vendre, louer ou transférer des chemins de fer, sans une autorisation spéciale du Parlement.].

# N° 7.

(10 juillet 1854. — 17 et 18 Vict., C. 31.)

## RAILWAY AND CANAL TRAFFIC.

ACTE AYANT POUR OBJET DE MIEUX RÉGLEMENTER LES TRANSPORTS PAR LES CHEMINS DE FER
ET LES CANAUX.

Art. 2. — [Cet article, qui résume l'objet essentiel de l'acte de 1854, a été textuellement reproduit en tête de l'article 11 de l'acte du 21 juillet 1873 : on le trouvera plus loin.]

Aux termes de l'article 3, les parties lésées par suite d'infractions à la loi, individus ou compagnies, devaient porter leur plainte devant les cours supérieures. Celles-ci étaient explicitement autorisées à s'adresser à des ingénieurs ou à des avocats pour l'instruction des affaires. — L'insuffisance de ces prévisions devait conduire à la loi nouvelle.

---

# N° 8.

(20 août 1860. — 23 et 24 Vict., C. 106.)

## LANDS CLAUSES AMENDMENT.

ACTE AYANT POUR OBJET D'AMENDER CELUI DE 1845 EN CE QUI TOUCHE LE PAYEMENT EN RENTES
DES INDEMNITÉS DE TERRAINS, ETC.

II. Le pouvoir accordé par la loi de 1845 (8 et 9 Vict., C. 18), de vendre des terrains contre des rentes annuelles est étendu aux propriétaires affectés d'incapacité légale.   *Indemnités de terrains.*

IV. Dans ce cas, l'indemnité, réglée encore suivant les formes prescrites par l'article 9 de la loi de 1845, devra toujours être d'un quart au moins supérieure à la valeur moyenne du revenu net annuel des terrains en question dans les sept dernières années.

**Emprunts.** V. Si la Compagnie a été autorisée par le Parlement à emprunter jusqu'à concurrence d'une somme déterminée, cette somme sera réduite d'une quantité égale à vingt fois le montant des annuités convenues pour le payement des terrains.

---

## N° 9.

(28 juillet 1863. — 26 et 27 Vict., C. 92.)

---

# RAILWAYS CLAUSES.

ACTE AYANT POUR OBJET DE RÉUNIR CERTAINES CLAUSES FRÉQUEMMENT INSÉRÉES DANS LES ACTES RELATIFS AUX CHEMINS DE FER.

**Changements aux projets approuvés.** Art. 4. — Nonobstant les prescriptions de la loi de 1845, la Compagnie pourra : 1° Modifier en plan et en élévation les voûtes en maçonnerie, les tunnels et les viaducs indiqués sur le plan et les profils approuvés, pourvu qu'elle se tienne dans les limites du terrain dont l'occupation est autorisée et qu'elle se conforme aux articles 11, 12 et 15 de la loi précitée ; 2° Substituer aux ouvrages d'art prévus d'autres ouvrages approuvés par le *Board of Trade*, cette approbation étant subordonnée à la triple condition que la Compagnie ait agi de bonne foi, que les propriétaires, locataires et détenteurs du terrain consentent à la substitution, et qu'enfin le public n'y perde rien au point de vue de la sécurité et de la commodité.

**Passages à niveau.** Art. 5. — Il est interdit de faire des manœuvres de gares sur les passages à niveau établis à la traversée des routes à péage ou des routes publiques carrossables.

Chacun de ces passages sera pourvu d'une maison de garde et soumis à des règlements émanant du *Board of Trade*. La Compagnie sera passible d'une amende pouvant atteindre 20 livres pour chaque contravention et 10 livres pour chaque jour d'une contravention qui se continuerait.

A toute époque la Compagnie devra, si elle en reçoit l'ordre du Board of Trade, remplacer à ses frais le passage à niveau par un pont sur rails ou sous rails, et ce, dans un délai déterminé.

## N° 10.

(28 juillet 1863. — 26 et 27 Vict., C. 118.)

# COMPANIES CLAUSES.

ACTE AYANT POUR OBJET DE RÉUNIR CERTAINES DISPOSITIONS FRÉQUEMMENT INSÉRÉES DANS LES LOIS RELATIVES
A LA CONSTITUTION ET A L'ADMINISTRATION
DES COMPAGNIES QUI SE CONSTITUENT POUR DES ENTREPRISES D'UTILITÉ PUBLIQUE.

Art. 12. — Dans les limites fixées par son acte de concession, la Compagnie peut, à son choix, créer et émettre de nouvelles actions ordinaires (*new ordinary shares*) ou de nouveaux emprunts ordinaires (*new ordinary stock*), ou recourir aux deux procédés à la fois. Mais il faut que ces émissions soient autorisées par une majorité des trois cinquièmes des votes, dans une assemblée spéciale à laquelle auront été convoqués les porteurs d'actions et de bons (*the Shareholders and Stockholders*). Pour les actions, la Compagnie fixe comme elle l'entend la valeur nominale, avec le montant et l'époque des appels de fonds.

> Émission de nouvelles actions *ordinaires* ou de nouveaux emprunts *ordinaires*

Art. 13. — La Compagnie peut, dans les mêmes conditions, créer et émettre des *actions de préférence*, ou des *bons de préférence*, soit d'une classe unique et avec des priviléges égaux, soit de différentes classes et avec différents priviléges, de la même valeur ou de valeurs différentes, dont le dividende ou l'intérêt respectif peut être à volonté fixe, flottant, contingent, préférenciel, perpétuel, à terme, différé, *ou autre*, sans que le taux dépasse 5 p. 100 par an s'il n'y a pas de stipulation particulière à cet égard dans l'acte de concession. Ici encore, la Compagnie fixe à son gré (en ce qui concerne les actions) le montant et l'époque des appels de fonds.

> Émission d'actions ou d'emprunts *de préférence*.

Il va sans dire que la préférence accordée à ces nouveaux titres ne peut pas affecter rétroactivement d'autres engagements déjà contractés par la Compagnie.

Art. 14. — Sur les produits nets de chaque année finissant (à moins de stipulation différente) au 31 décembre, on servira respectivement les titres *de préférence* avant de rien attribuer aux autres. Mais, intérêt ou dividende, ce que les produits nets ne permettront pas de payer une année ne sera ni reporté sur les années suivantes, ni imputé sur d'autres ressources de la Compagnie [1].

Émission d'obligations perpétuelles.

Art. 22. — La Compagnie peut convertir tout ou partie des emprunts qu'elle a contractés déjà, ou qu'elle est autorisée à contracter sur des bons hypothécaires ou autres (*mortgages or bonds*), en un fonds qu'on appellera *capital-obligations* (*debenture stock*), lequel produira un intérêt fixe et perpétuel dont le taux (à moins de stipulation différente) n'excédera pas 4 p. 100.

Art. 24. — Cet intérêt, payable tous les ans ou tous les six mois, primera (sous réserve des droits antérieurement acquis) tous dividendes ou intérêts d'actions ordinaires ou de préférence, ainsi que les rentes perpétuelles (*guaranteed stocks*). Il viendra immédiatement après l'intérêt des bons.

Art. 25. — Quand le payement de l'intérêt des obligations sera d'un mois en retard, des obligataires possédant ensemble une masse de titres équivalente en valeur nominale soit au dixième de la somme totale que la Compagnie a le droit d'emprunter sous la triple forme des bons hypothécaires, des bons ordinaires à terme et des obligations, soit à 10.000 livres, pourront requérir la nomination judiciaire d'un receveur chargé d'encaisser les recettes. Il en répartira le produit entre eux, après avoir désintéressé les porteurs de bons à terme.

Art. 31. — Pas plus que ceux-ci, les porteurs d'obligations perpétuelles ne pourront voter ni même assister aux assemblées de la Compagnie.

Art. 33. — La Compagnie tiendra des comptes distincts pour montrer combien elle s'est procuré d'argent par l'émission d'obligations perpétuelles, sur la somme qu'elle était autorisée à emprunter en émettant des bons.

Art. 34. — La faculté de recourir à des emprunts renouvelables se réduira de toute la somme réalisée par le moyen des obligations.

---

[1] Cette clause équivaut à créer des *actions d'intérêt* à côté des *actions de dividende*; et, d'autre part, elle exclurait, contrairement à l'esprit évident de l'article 15, la catégorie des actions de préférence « *non contingent* ». Cette exclusion, implicitement reproduite dans une loi de 1868 (art. 15, 9°), est contredite par les renseignements que nous ont donnés des praticiens.

# N° 11.

(29 juillet 1864. — 27 et 28 Vict., C. 120.)

---

# RAILWAY COMPANIES' POWERS.

ACTE AYANT POUR OBJET DE FACILITER DANS CERTAINS CAS L'OBTENTION DE POUVOIRS PLUS ÉTENDUS
POUR LES COMPAGNIES DE CHEMINS DE FER.

Attendu qu'il convient que, dans certains cas, les compagnies de chemins de fer puissent acquérir des pouvoirs plus étendus par application d'un acte général du Parlement, sans qu'elles soient obligées de se procurer dans chaque cas un acte spécial;...

Art. 3. — Le présent acte s'appliquera aux trois cas énumérés ci-après :

1° Quand une compagnie de chemin de fer désirera être autorisée, concurremment avec d'autres, à entrer en arrangement sur quelqu'un des points suivants :

*Conventions entre Compagnies.*

*a.* L'entretien et l'administration de tout ou partie de leurs lignes ;

*b.* L'usage et l'exploitation des lignes, et les transports à effectuer ;

*c.* La fixation, le recouvrement et la répartition des droits, des tarifs, des frais, des recettes, des produits du trafic ;

*d.* La réunion ou la séparation des intérêts dans la propriété, l'entretien, l'administration et l'usage d'une station ou d'un autre ouvrage ;

2° Quand la Compagnie désirera obtenir une prolongation du délai dans lequel elle doit vendre les terrains restés sans emploi ;

*Terrains sans emploi.*

3° Quand une compagnie de chemin de fer, constituée par un acte spécial ou par un certificat visant le « *Railways Construction Facilities Act*, 1864 », désirera être autorisée à se procurer un capital additionnel.

*Capital additionnel.*

Art. 4 à 8. — Dans ces différents cas, la Compagnie adressera une demande au Board of Trade. Cette demande sera livrée à la publicité dans des formes déterminées. Avant d'y donner suite, le Board of Trade pèsera les oppositions qui pourront se produire. Il s'arrêtera toujours devant une opposition émanée d'une autre compagnie de chemin de fer ou de canal et alors transmettra les pièces au Parlement, devant qui la Compagnie aura à procéder, si elle le juge convenable, par le moyen d'un bill.

Art. 9. — Le Board of Trade pourra accueillir tout ou partie de la demande : il le fera sous la forme d'un certificat. Ainsi, dans le premier des cas prévus ci-dessus, il certifiera que les Compagnies dénommées au certificat sont autorisées à se concerter sur tout ou partie des articles spécifiés dans le certificat. Dans le second cas, il certifiera que le délai pour la vente des terres est prolongé comme le certificat l'indique. Dans le troisième cas, il certifiera que la Compagnie est autorisée à se procurer telle somme additionnelle par l'émission de nouvelles actions ou de nouveaux bons d'emprunt, ordinaires ou de préférence, ou encore par l'émission de bons hypothécaires, au choix de la Compagnie ou suivant les prescriptions du certificat, ou enfin par la création et l'émission d'obligations.

Art. 10 à 15. — Les certificats ainsi dressés par le Board of Trade seront soumis aux deux chambres du Parlement et, six semaines après, s'il ne s'est pas produit d'opposition, acquerront la valeur d'*actes spéciaux*.

Art. 22. — La Compagnie ne pourra émettre aucune des actions ainsi créées sans qu'un cinquième au moins du montant nominal des titres ait été versé.

Art. 23. — Dans le troisième des cas ci-dessus prévus, la Compagnie, qu'elle agisse en vertu d'un Acte spécial du Parlement ou d'un certificat du Board of Trade, sera soumise aux restrictions suivantes :

1° Elle ne pourra pas emprunter d'argent avant que la totalité du capital-actions soit souscrite et la moitié versée. Elle devra d'ailleurs prouver que le cinquième au moins a été versé sur chaque action séparément placée et que toutes les actions ont été prises de bonne foi.

2° Elle n'empruntera pas une somme supérieure en totalité au tiers du capital-actions autorisé par le certificat (*They shall not borrow a larger sum in the whole than one third of the amount of the share capital authorized by the certificate*)[1];

3° Elle ne prendra pas, sur l'argent obtenu par des appels de fonds ou des emprunts, de quoi payer des intérêts ou des dividendes à un actionnaire pour les fonds qu'il a versés ;

4° Elle ne puisera pas à cette même source l'argent qu'elle peut avoir à payer ou à déposer par suite d'une demande adressée au Parlement ou au Board of Trade ;

5° Elle appliquera enfin cet argent tout entier à l'objet prévu et spécifié dans le certificat d'autorisation.

---

[1] L'insertion de cette clause dans l'acte général de 1864 n'a fait qu'ériger en règle une prescription depuis longtemps appliquée par le Parlement dans les actes de concession. — Le tiers du capital-actions, c'est le quart du capital total. Cependant, au 31 décembre 1872, le capital d'emprunt de tous les chemins de fer du Royaume-Uni formait 38 p. 0/0 du capital total (au lieu de 25). Éclairé par l'expérience, le Parlement est devenu plus prudent.

Versement obligatoire
pour
l'émission des actions.

Conditions
des emprunts.

Emploi des fonds.

# N° 12.

(29 juillet 1864. — 27 et 28 Vict., C. 121.)

---

# RAILWAYS CONSTRUCTION FACILITIES.

ACTE AYANT POUR OBJET DE FACILITER DANS CERTAINS CAS L'OBTENTION DES POUVOIRS NÉCESSAIRES
POUR CONSTRUIRE DES CHEMINS DE FER.

[Acte analogue à celui du même jour qui forme le chapitre 120. Ici encore, on substitue dans une certaine mesure le Board of Trade au Parlement. Les objets spéciaux qu'on a en vue sont implicitement indiqués par des considérants placés en tête de la loi.]

Attendu qu'il convient de faciliter la construction des embranchements de chemins de fer, les changements de tracé des lignes qui existent et de celles qui sont en cours de construction, enfin l'exécution de nouveaux ouvrages devant concourir au même but que les chemins de fer actuels :

Et attendu qu'on atteindrait ce but, *dans les endroits où tous les propriétaires et autres intéressés consentent à la construction d'un chemin de fer ou à l'exécution d'un travail*, si les promoteurs de l'entreprise pouvaient obtenir les pouvoirs nécessaires en se conformant aux conditions d'un acte général du Parlement, sans être obligés de se procurer un acte spécial...

Art. 5. — Les promoteurs d'un chemin de fer pourront passer des marchés provisoires pour l'acquisition des terrains.

Art. 6. — Cela fait, ils pourront s'adresser au Board of Trade et demander le « Certificat » prévu par le présent acte.

Art. 9. — Pour peu qu'une autre compagnie de chemin de fer ou de canal fasse opposition à l'entreprise dont il s'agit, le Board of Trade devra s'arrêter net, renvoyant les demandeurs à se pourvoir devant le Parlement.

Art. 24. — Quand des personnes s'adresseront au Board of Trade pour obtenir les pouvoirs définis par le présent acte, si elles ne forment pas déjà une compagnie constituée par un acte spécial du Parlement ou en vertu d'un certificat antérieurement délivré par le Board of Trade, et si d'ailleurs elles sont au nombre de sept au moins, le certificat devra les constituer en société.

*Constitution des Compagnies.*

Art. 25. — Si les demandeurs sont en nombre inférieur et qu'ils expriment le désir d'être constitués en société pour l'objet indiqué dans le certificat, la clause constitutive pourra y être insérée[1].

Art. 26. — Cette clause sera libellée de manière à comprendre toutes les stipulations d'usage, y compris (s'il y a lieu) l'autorisation d'emprunter sur hypothèque.

Dépôt<br>d'un cautionnement.

Art. 34. — Avant que le certificat du Board of Trade soit remis à la Compagnie, celle-ci, si elle n'est pas déjà une société antérieurement constituée et en possession d'un chemin de fer ouvert au public, devra déposer une somme d'argent égale à 8 p. 100 au moins du montant estimatif de la dépense projetée.

Art. 41. — Ce cautionnement sera sujet à être confisqué.

Art. 52. — Rien n'obligera le Board of Trade à accorder les certificats qui lui seront demandés. En cas de refus de sa part, les contrats provisoirement passés pour l'acquisition des terrains cesseront de lier les parties contractantes.

Art. 58. — Le Board of Trade pourra ultérieurement modifier ou même annuler les autorisations qu'il aura données.

# N° 13.

(20 août 1867. — 30 et 31 Vict., C. 127.)

# RAILWAYS COMPANIES.

### AMENDEMENT DES LOIS RELATIVES AUX COMPAGNIES DE CHEMINS DE FER.

Protection du matériel<br>d'exploitation contre<br>la saisie judiciaire.

Art. 4. — Les locomotives, tenders, voitures, trucs, machines et outils de toutes sortes, qui constituent le matériel d'exploitation affecté au service d'un chemin de fer, de ses stations ou de ses ateliers, ne peuvent être saisis judiciairement dès qu'une portion du chemin de fer a été

[1] Aux États-Unis, dans l'État de New-York, par exemple, les fondateurs d'une société qui a en vue l'établissement d'un chemin de fer n'ont de permission à demander à personne; ils n'ont qu'une déclaration à faire. Mais, pour que leur société soit constituée légalement, il faut qu'ils soient au nombre de 25 au moins. [*Rapport de mission*, p. 255.]

ouverte au public. Mais le créancier qui a obtenu un jugement contre la compagnie peut faire nommer un receveur et, au besoin, un administrateur chargé de la conduite de l'entreprise. Tout l'argent perçu par l'un ou l'autre de ces délégués sera, après prélèvement de la somme nécessaire pour faire face aux dépenses d'exploitation et aux autres déboursés que l'entreprise exige, appliqué sous la direction de la cour de Chancellerie au payement des dettes de la Compagnie, ces dettes étant classées d'après leur rang de priorité.

ART. 6. — Quand une compagnie est hors d'état de tenir ses engagements vis-à-vis de ses créanciers, le conseil d'administration peut préparer un projet d'arrangement et le faire enregistrer en y joignant une déclaration écrite de l'impuissance où se trouve la Compagnie. La sincérité de cette déclaration est certifiée par le président et par la majorité des membres du conseil. *Arrangements projetés entre une compagnie et ses créanciers.*

ART. 7. — Le tribunal peut dès lors, à la requête de la Compagnie, arrêter provisoirement toutes poursuites dirigées contre elle.

ART. 10 à 12. — Le projet d'arrangement sera considéré comme accepté par les porteurs de bons hypothécaires ou autres quand il portera l'acquiescement écrit de personnes représentant les trois-quarts de la valeur totale des bons. Il en sera de même, savoir : 1° pour les porteurs d'obligations ; 2° pour les porteurs de rentes perpétuelles que la Compagnie doit payer sur ses recettes, comme prix d'achat d'entreprises cédées par d'autres compagnies ; 3° pour les porteurs d'actions de préférence. Dans ce dernier cas, si les actions sont de plusieurs sortes, il faudra le consentement séparé de chaque catégorie. Quant aux porteurs d'actions ordinaires, leur consentement devra avoir été donné dans une assemblée générale extraordinaire, spécialement convoquée à cet effet. Enfin, si la Compagnie n'est que locataire du chemin de fer, le consentement de la Compagnie dont elle dépend sera constaté dans les mêmes formes que ci-dessus.

ART. 17 à 20. — Prenant en grande considération ces acquiescements divers, la cour peut approuver le projet d'arrangement ; lequel deviendra dès lors exécutoire comme s'il avait été sanctionné par le Parlement. La Compagnie en fera imprimer le texte et, moyennant un prix de six pence au plus, tiendra des exemplaires imprimés à la disposition de ceux qui voudront l'acheter. Une pénalité pouvant atteindre 20 livres d'abord, puis cinq livres par jour de retard, garantira l'accomplissement de cette formalité.

ART. 23. — Tout emprunt fait par une compagnie en vertu d'une autorisation du Parlement, sur des bons hypothécaires, des bons ordinaires ou des obligations, primera toutes autres dettes que la Compagnie pourrait désormais contracter, les dettes antérieures étant réservées. *Emprunts.*

ART. 24. — Est supprimée pour l'avenir la limitation du taux d'intérêt dans les émissions d'obligations que la Compagnie peut faire en vertu de la loi de 1863 (*The Companies clauses Act, 1863, Art. 22.*)

ART. 26. — Sera considéré comme régulier tout emprunt contracté par la Compagnie pour rembourser des créances hypothécaires ou à terme et dûment affecté à cet objet.

# N° 14.

(31 juillet 1868. — 31 et 32 Vict., C. 110.)

## TELEGRAPH.

ACTE AUTORISANT LE DIRECTEUR GÉNÉRAL DES POSTES A ACHETER, EXPLOITER ET ENTRETENIR
LES LIGNES TÉLÉGRAPHIQUES.

**Motifs.** Attendu que les moyens de communiquer par le télégraphe électrique dans l'étendue du Royaume-Uni de la Grande-Bretagne et de l'Irlande sont insuffisants et que plusieurs districts importants en sont dépourvus ;

Attendu aussi que pour l'État, pour les commerçants, pour le public en général, il y aurait grand avantage à ce que les communications télégraphiques fussent moins chères, plus étendues et plus expéditives, et que, dans ce but, il convient de donner au Directeur général des Postes les moyens de réunir le service télégraphique à celui dont il est déjà chargé ;

Plaise à Sa Majesté la Reine de décider ce qui suit, conformément à l'avis des Lords spirituels et temporels et des Communes, assemblés en Parlement.

Art. 4. — Le Directeur général des Postes, agissant avec le consentement des Lords commissaires de la Trésorerie, est autorisé à acheter tout ou partie des lignes télégraphiques... Le texte de la convention, avec un exposé des motifs, sera déposé sur le bureau des deux chambres du Parlement ; et, un mois après, s'il ne s'est pas produit d'opposition, l'achat deviendra définitif.

Art. 5. — Les Compagnies propriétaires des lignes, celles qui exploitent les chemins de fer comme les autres, sont autorisées à vendre...

Art. 7. — A défaut d'arrangement amiable, le prix sera réglé par arbitrage.

**Bases de règlement pour le prix d'achat.** Art. 8. — Certaines bases de règlement sont dès à présent posées ainsi qu'il suit :

Aux trois compagnies du *Télégraphe Électrique et International*, — du *Télégraphe Magnétique Breton et Irlandais*, — et du *Télégraphe Électrique du Royaume-Uni*, on payera une somme égale à 20 fois leur bénéfice net de l'année expirée au 30 juin 1868.

On payera en outre à la dernière de ces compagnies, savoir : 1° une somme égale au prix qu'elle a elle-même payé pour le brevet du Télégraphe imprimeur de Hughes, cette somme ne pouvant d'ailleurs excéder 12000 livres ; 2° une somme égale à la valeur totale du capital-actions de la Compagnie, cette valeur étant calculée sur le cours le plus haut que les actions ont atteint à la Bourse de Londres, dans l'intervalle du 1er au 25 juin 1868 ; 3° une indemnité pour la plus-

value que les actions paraissaient devoir acquérir; 4° enfin une somme à déterminer en considération des efforts faits par la Compagnie pour soumettre le transport des dépêches télégraphiques
au prix uniforme d'un schelling. Ces bases étant admises, si des contestations s'élèvent dans
l'application, on les réglera par arbitrage.

La répartition du produit de la vente entre les diverses catégories d'actionnaires de chaque
compagnie (après l'acquittement de certaines charges) sera confiée à un arbitre; et cet arbitre sera
le Très-Honorable Robert Arthur Talbot de Salisbury ou, à son défaut, John Hawkshaw Esquire ou,
à son défaut, un autre arbitre que le Board of Trade désignera à la requête des Compagnies. La
décision de l'arbitre sera sans appel.

Tous les fonctionnaires et employés qui auront été, pendant cinq ans au moins, au service des
compagnies télégraphiques avec un traitement annuel, ou pendant sept ans au moins avec un
salaire atteignant 50 livres par an, seront placés par suite du transfert des lignes dans l'alterna-
tive suivante : ou bien le Directeur général des Postes leur offrira un emploi qui soit, au jugement
d'un arbitre, équivalent à celui qu'ils occupaient; ou bien ils recevront de l'administration des
Postes, à titre d'indemnité pour la perte de cet emploi, une rente viagère, payable par semestre,
et qui sera, savoir : pour celui qui comptait au moins 20 ans de service, les deux-tiers du traitement dont il jouissait le 24 juin 1868, — pour les autres, $\frac{1}{20}$ de moins pour chaque année qui
manquait encore. Les années passées au service des compagnies compteront, pour les fonctionnaires réemployés par le Gouvernement, comme s'ils les eussent passées au service de
l'État.



Art. 9. — (Arrangements divers à conclure entre l'État et certaines compagnies de chemins de
fer, notamment le *London and North Western*, le *Midland*, le *Great Northern*, etc.).



Le Directeur général des Postes payera, à titre d'indemnité, à chaque compagnie de chemin
de fer les sommes indiquées ci-après :

*a.* Vingt fois le montant des recettes annuelles provenant de dépêches reçues ou expédiées
par la Compagnie pour le public, le calcul étant fait d'après les résultats de l'année expirée au
30 juin 1868;

*b.* Vingt fois le montant de l'augmentation annuelle, calculée sur la moyenne des trois
années précédentes ou sur une moindre période si l'installation du service ne remonte pas
aussi haut;

*c.* Les rentes ou autres redevances que certaines compagnies télégraphiques devaient payer à
la compagnie du chemin de fer en vertu de baux non encore expirés;

*d.* Des sommes à régler pour le préjudice que la compagnie du chemin de fer subit en perdant
le privilége de concéder le droit de passage à d'autres compagnies télégraphiques, et en considération du monopole que le Directeur général des Postes acquiert ainsi pour le transport des
dépêches le long des lignes;

*e. Idem*, pour la plus-value qu'aurait acquise, entre les mains de la Compagnie, le transport
des dépêches publiques à l'expiration des conventions conclues avec les compagnies de
télégraphes;

*f. Idem*, pour le double préjudice tenant à ce que certains employés du chemin de fer sont
maintenant payés par les compagnies de télégraphes et à ce que le service télégraphique, réduit

désormais pour la compagnie du chemin de fer aux besoins de son exploitation, deviendra plus onéreux ;

*h.* Une rente annuelle pour droit de passage à tant par fil et par mille[1].

*Tarif des dépêches.*      Art. 15. — Le Directeur général des Postes, d'accord avec les commissaires de la Trésorerie, pourra faire des règlements de service et fixer les tarifs, mais dans la limite des conditions indiquées ci-après :

1° Le prix des dépêches sera uniformément fixé pour tout le Royaume-Uni à un taux n'excédant pas un schelling pour 20 mots au plus et 3 pence pour chaque addition de 5 mots ;

2° Les noms et adresses des expéditeurs et des destinataires ne compteront pas dans le nombre des mots soumis à la taxe ;

Etc.

Art. 18. — Les dépêches seront exclusivement payées au moyen de timbres spéciaux ou de papier timbré mis en vente.

<hr>

# N° 15.

(31 juillet 1868. — 31 et 32 Vict., C. 119.)

---

# REGULATION OF RAILWAYS.

## AMENDEMENT DE LA LÉGISLATION DES CHEMINS DE FER.

*Examen de la situation financière des Compagnies par des inspecteurs du Gouvernement.*      Art. 6. — Le Board of Trade peut charger un ou plusieurs inspecteurs d'examiner les affaires d'une compagnie et les conditions de l'entreprise si cet examen est demandé dans l'un des quatre cas suivants :

[1] D'après le projet de budget de l'année 1874, l'Administration des Postes doit payer aux Compagnies de chemins de fer, savoir :

1° A titre de rémunération du service qu'elles font dans leurs stations pour le compte du Gouvernement. . . . . . . . . . . . . . . . . . . . . . . . . . . . . . . . . . . . . . . . . . . . . 562.500 francs.

2° Pour l'entretien des lignes télégraphiques. . . . . . . . . . . . . . . . . . . . . . 825.000  —

3° Pour droit de passage. . . . . . . . . . . . . . . . . . . . . . . . . . . . . . . . . 662.500  —

Le nombre des bureaux télégraphiques s'élève actuellement dans le Royaume-Uni à 3.791.

1° Par le Conseil d'administration,

2° Par des actionnaires possédant les deux-cinquièmes au moins des actions ordinaires,

3° Par des créanciers porteurs de moitié au moins des titres d'emprunt (bons hypothécaires, bons ordinaires et obligations),

4° Par des créanciers porteurs des deux-cinquièmes au moins des valeurs garanties ou privilégiées (guaranteed or preference shares or stock), pourvu que le capital de préférence équivaille à un tiers au moins de la totalité du capital-actions.

ART. 7. — Le Board of Trade peut exiger que ceux qui demandent cette intervention administrative consignent préalablement une somme suffisante pour couvrir les frais de l'instruction. Mais il est autorisé à mettre finalement tout ou partie de ces frais à la charge des Compagnies (*Art. 9*).

ART. 13. — Toute compagnie qui, pour l'année précédente, a payé un dividende d'au moins 5 p. 100 sur ses actions ordinaires peut, en vertu d'une résolution adoptée en assemblée générale extraordinaire, diviser ses actions libérées en deux classes qu'on appellera actions ordinaires *préférées* et actions ordinaires *différées*, la création de ces valeurs étant soumise aux conditions suivantes :

*Dédoublement d'actions ordinaires en actions préférées et actions différées.*

1° Les actions nouvelles ne seront créées qu'en remplacement d'actions ordinaires, lesquelles seront divisées en deux parties égales ;

2° Cette division pourra être faite à toute époque, sur la demande écrite du porteur des actions libérées, mais non autrement ; et elle pourra s'appliquer soit à la totalité des titres du demandeur, soit à une partie de ces titres, à un nombre qui soit un multiple de vingt ;

3° Les nouveaux titres ne seront émis qu'en coupures de dix livres ou de multiples de dix livres ;

4° Le certificat des actions ordinaires à diviser sera préalablement déposé entre les mains de la Compagnie, qui l'annulera et délivrera gratis en échange des certificats distincts pour les deux catégories d'actions nouvelles ;

5° Si le certificat présenté par un actionnaire comprend un certain nombre d'actions qu'il ne veuille pas *diviser* ou qui ne puisse pas l'être en vertu des restrictions qui précèdent (2° et 5°), la Compagnie lui remettra gratis un certificat séparé pour ce reliquat d'actions ordinaires ;

6° Le dividende dévolu par privilège à l'une des deux catégories d'actions nouvelles sera de 6 p. 100 par an au maximum ;

7° Jusqu'à concurrence de ce maximum, l'action ordinaire préférée primera l'action ordinaire différée et marchera de pair avec les actions ordinaires primitives ;

8° Chaque année, après que tous les porteurs d'actions ordinaires préférées auront reçu 6 p. 100 de dividende, les porteurs d'actions ordinaires différées participeront au dividende restant sur le même pied que les porteurs d'actions ordinaires primitives ;

9° Cependant, si les produits nets de l'année finissant au 31 décembre ne permettent de donner aux porteurs d'actions ordinaires préférées qu'un dividende inférieur à 6 p. 100, aucune portion du déficit ne pourra être reprise sur les profits d'une année subséquente ou sur d'autres ressources de la Compagnie ;

10° Les actions ordinaires préférées ou différées conféreront le droit de voter dans les assemblées de la Compagnie et les autres droits qui s'attachent aux actions primitives ;

11° Les conditions auxquelles sont émises les actions ordinaires préférées ou différées seront mentionnées sur le certificat des titres.

Fumeurs.

Art. 20. — Toutes les compagnies de chemins de fer, sauf celle du Métropolitain, seront tenues d'avoir, à partir du 1er octobre (1868), un compartiment spécial pour les fumeurs dans les voitures de toutes classes, quand il y en aura plus d'une de chaque classe, à moins que le Board of Trade ne les en dispense.

Interdiction de trains spéciaux organisés en vue de combats d'hommes ou d'animaux.

Art. 21. — Toute compagnie qui mettra sciemment un train spécial à la disposition de personnes se rendant à quelque combat dont un prix doit couronner l'issue (*any prize fight*), ou qui arrêtera un train ordinaire, dans un endroit non classé comme station, pour en faciliter l'accès un jour où l'un de ces combats doit s'y livrer, sera passible d'une amende de 200 à 500 livres [1].

Communication électrique à bord des trains.

Art. 22. — A partir du 1er avril 1869, tout train de voyageurs parcourant plus de 20 milles sans arrêt devra être pourvu d'un appareil qui permette aux voyageurs de communiquer avec les agents du train, ledit appareil étant approuvé par le Board of Trade. Toute infraction à cette clause sera punissable d'une amende pouvant atteindre 10 livres. Tout voyageur qui fera usage du moyen de communication sans un motif raisonnable et suffisant sera passible d'une amende pouvant atteindre 5 livres.

Circulation de personnes étrangères sur la voie.

Art. 23. — Toute personne persistant à stationner ou à circuler sur la voie après qu'un agent de la Compagnie l'a invitée à en sortir, sera passible d'une amende pouvant atteindre 40 schellings.

Enlèvement d'arbres dangereux.

Art. 24. — Si des arbres voisins du chemin de fer menacent de tomber sur la voie et de l'obstruer, deux juges quelconques pourront, sur la requête de la Compagnie, faire enlever ou arranger ces arbres, en fixant l'indemnité à payer par elle au propriétaire.

Accidents. — Indemnités à allouer aux victimes.

Art. 25. — En cas de blessure ou de mort occasionnées par un accident de chemin de fer, le Board of Trade peut, — sur une requête présentée en commun par la Compagnie et par le voyageur blessé ou par les représentants de celui qui a péri, — désigner un arbitre pour fixer l'indemnité due.

Chemins de fer *légers*.

Art. 27. — Le Board of Trade peut, par une permission spéciale, autoriser une Compagnie à construire et à exploiter à titre de chemin de fer *léger* tout ou partie d'une ligne qui lui a été concédée. Avant d'accorder cette permission, le Board of Trade fera connaître le désir exprimé par la Compagnie, prendra les renseignements qu'il jugera utiles et pèsera toutes les objections qui pourront surgir [2].

L'autorisation sera subordonnée aux conditions que le Board of Trade indiquera et qu'il pourra d'ailleurs reviser. Mais, en tous cas, le poids du matériel roulant ne devra jamais

---

[1] Ce qu'on appelle, — par un de ces euphémismes qu'affectionne la langue anglaise, — du nom assez inoffensif de *prize fight*, ce sont des combats de boxeurs, de coqs, de chiens, de chiens et de rats, de rats surtout, assortis d'âge, de taille, etc. La loi est en lutte ici avec les mœurs, et l'on pourrait citer bien d'autres exemples analogues. Ces passe-temps cruels, dont le charme tient à l'effusion du sang, n'ont rien de commun avec les *sports*, autres divertissements publics dont le goût est très-répandu dans toutes les classes de la population anglaise.

[2] Un ingénieur d'Édimbourg, qui nous avait été signalé comme le plus capable de nous renseigner sur les « chemins « de fer *économiques* de l'Écosse », nous a dit que le Board of Trade n'en autorisait plus.

excéder 8 tonnes par paire de roues, et la vitesse ne devra jamais excéder 25 milles (40 kilomètres) à l'heure.

Aʀᴛ. 34. — Chaque Compagnie tiendra un registre imprimé des adresses des actionnaires,
en le revisant chaque année à la date du 1ᵉʳ décembre et marquant d'un astérisque les noms
des administrateurs. Dès le 15 décembre, un exemplaire de ce registre devra être mis à la
disposition de tout actionnaire ou obligataire de la Compagnie contre le payement de 5 schellings
au plus [1].

Liste des adresses
des actionnaires.

---

# N° 16.

(2 août 1869. — 32 et 33 Vict., C. 48.)

---

# COMPANIES CLAUSES.

### ACTE AMENDANT CELUI DE 1863.

Aʀᴛ. 1. — Est rapportée la clause de la loi de 1863 (Art. 22) qui limitait le taux de l'intérêt
des Obligations [2].

Aʀᴛ. 3. — Toute Compagnie autorisée par le Parlement à emprunter de l'argent sur des bons
hypothécaires ou autres, mais non à créer et émettre des obligations, aura désormais cette dernière faculté sous les conditions fixées par la loi de 1863.

---

[1] L'obligation de tenir un registre alphabétique d'adresses avait été imposée déjà par la loi du 8 mai 1845 (art. 10).
Mais le registre était manuscrit; on ne le tenait probablement pas au courant des mutations; et la Compagnie pouvait
faire payer jusqu'à six pence par 100 mots pour les copies qu'elle était requise de délivrer. — Le jour pourra venir
aussi en France où les actionnaires des Compagnies, assistant d'une façon moins passive aux assemblées générales,
éprouveront le besoin de se connaître et de se concerter. On peut être certain que ce registre, dont la tenue est pres-
crite en termes si précis par le parlement anglais, n'a pas été suggéré par une simple fantaisie de réglementation.

[2] Cette abrogation avait déjà été explicitement formulée dans l'acte du 20 août 1867, art. 24.

# N° 17.

(14 août 1871. — 34 et 35 Vict., C. 78.)

## REGULATION OF RAILWAYS.

AMENDEMENT DES LOIS QUI RÉGISSENT LES CHEMINS DE FER.

**Inspection des chemins de fer.**

ART. 3. — Le Board of Trade peut confier à des hommes de son choix la mission d'inspecter un chemin de fer quelconque, de procéder à une enquête en ce qui le concerne et de rechercher la cause des accidents. Mais les hommes désignés à cet effet n'auront pas qualité pour intervenir dans les affaires des Compagnies.

**Avis d'accidents.**

ART. 6. — Chaque Compagnie doit donner avis au Board of Trade des accidents qui arrivent sur son réseau dans les quatre cas suivants :

1° Quand il y a mort ou blessure;

2° Quand il y a collision de deux trains dont l'un est un train de voyageurs ;

3° Quand un train de voyageurs déraille en tout ou partie ;

4° Quand un accident non compris dans ces trois catégories a pu être indirectement une cause de mort ou de blessure.

**Renseignements statistiques.**

ART. 9. — Chaque compagnie adressera chaque année au Board of Trade, suivant des formules préparées à cet effet, un rapport sur son capital, son trafic et ses dépenses d'exploitation.

Des délais sont prescrits, à la suite desquels chaque jour de retard pourra entraîner une amende de 5 livres au plus.

**Introduction de personnes étrangères sur la voie.**

ART. 14. — L'article 23 de la loi de 1868 (p. 164) est modifié en ce sens que l'intrus n'a droit qu'à un seul avertissement préalable.

# N° 18.

(21 juillet 1873. — 56 et 57 Vict., C. 48 [1].)

# RAILWAY AND CANAL TRAFFIC.

**ACTE AYANT POUR OBJET DE MIEUX ASSURER L'EXÉCUTION DE LA LOI DE 1854 SUR LES TRANSPORTS PAR CHEMIN DE FER ET PAR EAU, ET DE RÉGLER D'AUTRES QUESTIONS QUI S'Y RATTACHENT.**

A. D. 1873.

Plaise à Sa Majesté la Reine ordonner ce qui suit, de l'avis et du consentement des Lords spirituels et temporels et des Communes, réunis en ce présent Parlement, et par leur autorité :

## PRÉLIMINAIRES.

1. Le présent acte peut être appelé l'Acte réglementaire de 1873 pour les chemins de fer ;  *Titre abrégé.*

2. Il sera mis en vigueur, sauf les dérogations expressément indiquées, à partir du 1ᵉʳ septembre 1873 ;  *Point de départ.*

3. Dans le texte qui va suivre, l'expression « Compagnie de chemin de fer » comprend quiconque est, dans le Royaume-Uni, propriétaire, fermier ou détenteur d'un chemin de fer construit ou exploité en vertu d'une autorisation du Parlement ;  *Définitions.*

L'expression « Compagnie de canal » comprend quiconque est, dans le Royaume-Uni, propriétaire, fermier ou détenteur d'un canal construit ou exploité en vertu d'une autorisation du Parlement, — ou quiconque a qualité pour faire payer des droits à ceux qui usent de ce canal ;

L'expression « Personne » comprend une collection de personnes constituées ou non en société régulière ;

L'expression « Chemin de fer » comprend les stations, les voies de garage, les quais, les docks qui en dépendent et dont le public se sert pour des transports ;

L'expression « Canal » comprend toute voie d'eau canalisée ou soumise à des droits de péage en vertu d'une autorisation du Parlement ; elle comprend aussi les quais et les lieux

---

[1] Nous traduisons cette loi *in extenso* et textuellement, — sans même supprimer les détails de procédure par lesquels le texte se termine, — pour donner un spécimen complet du genre, et à cause de l'intérêt d'actualité qui s'y attache.

de débarquement qui se rattachent à la voie navigable et sont utilisés pour des transports publics;

L'expression « Trafic » comprend non-seulement les voyageurs et leurs bagages, les marchandises, les animaux et les autres choses que peut transporter une compagnie de chemin de fer ou de canal, mais aussi les voitures, les wagons, les trucs, les bateaux, les véhicules de tout genre construits pour circuler sur le chemin de fer ou le canal ;

L'expression « Malles » comprend les sacs de la malle et les sacs des lettres confiées à la Poste;

L'expression « Acte spécial » signifie un acte parlementaire local, ou un acte local et personnel, ou un acte d'une nature locale et personnelle; elle comprend une décision provisoire du Board of Trade confirmée par acte du Parlement et un certificat accordé par le Board of Trade, conformément à l'acte de 1864, en vue de faciliter l'établissement des chemins de fer ;

L'expression « la Trésorerie » signifie les commissaires préposés à la Trésorerie de Sa Majesté au moment dont il s'agit ;

L'expression « cour supérieure » signifie en Angleterre l'une des cours supérieures de Sa Majesté à Westminster, en Irlande l'une des cours supérieures de Sa Majesté à Dublin, et en Écosse la Cour de session.

NOMINATION ET FONCTIONS DES COMMISSAIRES DES CHEMINS DE FER.

*Nomination des Commissaires des chemins de fer.*

4. Dans le but d'assurer l'exécution du « *Railway and Canal Traffic Act.*, 1854 » et du présent acte, Sa Majesté aura le droit, à une époque quelconque après l'adoption du présent acte, sous la garantie de sa Royale Signature, de nommer trois commissaires au plus, — dont l'un devra avoir l'expérience des lois et un autre l'expérience des affaires de chemins de fer, — et deux commissaires adjoints au plus ; et, en cas de vacance accidentelle dans l'emploi de ces commissaires ou commissaires adjoints, elle pourra de même nommer quelque personne apte à la remplir. Le Lord Chancelier[1] aura le droit de révoquer, s'il le juge convenable, pour incapacité ou inconduite tout commissaire nommé en exécution du présent acte.

Les trois commissaires nommés en vertu du présent acte (et auxquels on fait allusion dans le présent acte quand on dit « les Commissaires ») seront appelés les Commissaires des chemins de fer, et ils auront un sceau officiel qui sera reconnu en justice. Ils pourront procéder malgré les vacances qui se produiraient parmi eux. Les commissaires adjoints exerceront leurs fonctions quand Sa Majesté les y invitera (*during the pleasure of Her Majesty*).

*Les commissaires doivent n'avoir aucun intérêt dans les valeurs de Chemins de fer ou de Canaux.*

5. Toute personne nommée commissaire en vertu du présent acte devra, dans un délai de trois mois à dater de sa nomination, se défaire absolument de tous les fonds, actions, obligations, bons à terme ou autres valeurs des Compagnies de chemins de fer ou de canaux dans le Royaume-Uni, liquider tous les intérêts de ce genre qu'elle peut avoir au moment de sa nomination ; et,

[1] Président de la Chambre des Lords et chef de la magistrature.

tant que la personne nommée commissaire en vertu du présent acte conservera cet emploi de Commissaire, elle ne pourra acquérir, par voie d'achat ou autrement, aucun intérêt dans ces fonds, actions, obligations, bons à terme ou autres valeurs ; et s'il lui en échoit par testament ou succession, elle devra s'en défaire dans un délai de trois mois.

Les Commissaires ne pourront pas, à moins que ce ne soit du consentement des parties, exercer de juridiction en vertu du présent acte dans des affaires où ils auraient un intérêt direct ou indirect.

Les Commissaires devront consacrer la totalité de leur temps à l'accomplissement des devoirs prévus par le présent acte et ne pas accepter ou occuper d'emploi qui soit incompatible avec cette condition-là.

6. Toute personne se plaignant de quelque chose qui aurait été fait ou omis en violation de l'article 2 du « *Railway and Canal Traffic Act*, 1854 », ou de l'article 16 du « *Regulation of Railways Act*, 1868 », ou du présent Acte, ou de quelque décision prise pour amender ou appliquer l'un des trois, peut s'adresser aux Commissaires. Toute personne désignée par le Board of Trade, et munie d'un certificat du Board of Trade qui allègue une infraction aux actes précités, peut également s'adresser aux Commissaires. Pour que ceux-ci puissent écouter les plaignants et statuer sur l'objet de la plainte, ils auront et ils exerceront la juridiction attribuée par l'article 3 du « *Railway and Canal Traffic Act*, 1854 » aux différentes cours et aux juges qui avaient qualité pour connaître des plaintes auxquelles cet acte pouvait donner lieu. Les Commissaires peuvent rendre les mêmes jugements. Lesdits cours et juges cesseront, à moins que ce ne soit pour appuyer une décision des Commissaires, d'exercer la juridiction que leur attribuait l'article 3.

*Transfert aux Commissaires de la juridiction prévue 17 et 18 Vict., C. 38, section (ou article) 3.*

7. Quand les Commissaires recevront une plainte d'après laquelle une Compagnie de chemin de fer ou de canal aurait contrevenu à quelque acte compris dans leur juridiction, ils pourront, s'ils le jugent convenable, avant de requérir ou de permettre qu'aucune procédure officielle s'engage devant eux, communiquer la plainte à la Compagnie incriminée, pour que celle-ci se trouve en mesure de fournir ses observations.

*Faculté donnée aux Commissaires de mettre les Compagnies en mesure de s'expliquer sur les violations prétendues de la loi.*

8. Quand un différend, — élevé entre des compagnies de chemins de fer ou entre des compagnies de canaux ou entre une compagnie de chemin de fer et une compagnie de canal, — devra ou pourra, en vertu d'un Acte général ou spécial, antérieur ou postérieur à celui-ci, être soumis à un arbitrage, ce différend pourra désormais, si l'une des compagnies en cause le demande et si les Commissaires y consentent, être soumis à ceux-ci pour qu'ils décident au lieu et place des arbitres. Toutefois la faculté, stipulée ici, de saisir les Commissaires ne s'appliquera point aux affaires pour lesquelles un arbitre aurait été désigné, dans quelque acte général ou spécial, par son nom ou par le nom de son bureau, ou encore à raison d'une prééminence de position telle que, dans l'opinion des Commissaires, l'affaire lui serait plus convenablement renvoyée qu'à eux.

*Les différends entre compagnies de chemin de fer et de canal doivent être soumis aux Commissaires.*

9. Tout différend dans lequel une compagnie de chemin de fer ou de canal est en cause peut, si les parties le demandent et que les Commissaires y consentent, être remis à la décision de ces derniers.

*Faculté de soumettre des différends aux Commissaires.*

10. Les pouvoirs et les fonctions ci-après indiqués seront transférés aux Commissaires, savoir :

*Transfert aux Commissaires de certains pouvoirs et fonctions du*

Board of Trade, 26 et 27 Vict. C. 92.

1° Les pouvoirs conférés au Board of Trade par la troisième partie du « *Railway Clauses Act,* 1863 », ou par des actes spéciaux, en ce qui concerne l'approbation des conventions d'exploitation (*working agreements*) conclues entre les compagnies de chemins de fer ;

2° Les pouvoirs et les fonctions attribués au Board of Trade par l'article 35 du « *Railway Clauses Act,* 1863, » en ce qui concerne l'exercice des droits que possèdent les compagnies de chemins de fer relativement aux bateaux à vapeur.

Et les dispositions de ces Actes qui confèrent ces pouvoirs, imposent ces devoirs ou font quelque allusion aux uns ou aux autres, devront être lues, autant que leur texte le comporte, comme si les Commissaires y étaient nommés au lieu du Board of Trade.

INTERPRÉTATION ET AMENDEMENT DE LA LOI.

Interprétation de 17 et 18 Vict., C. 31, S. 2, quant aux transports en transit.

11. Attendu que l'article 2 du « *Railway and canal Traffic Act,* 1854 » dispose que toute compagnie de chemin de fer, de canal, ou de chemin de fer et canal doit, dans la limite de son pouvoir, offrir toutes les facilités raisonnables : 1° pour la réception, l'expédition et la délivrance des marchandises sur les différentes voies de fer ou d'eau qui lui appartiennent ou qu'elle exploite ; 2° pour le retour des voitures, wagons, bateaux et autres véhicules ; que ces compagnies ne doivent faire ou accorder aucune préférence non justifiée (*undue*), aucun avantage non motivé (*unreasonable*), soit à des individus ou à une compagnie, soit à un genre particulier de trafic, sous quelque rapport que ce soit ; qu'elles ne doivent pas davantage soumettre soit un individu ou une compagnie, soit un genre particulier de trafic, à un préjudice ou à un désavantage qui ne seraient ni justifiés ni motivés ; que toute compagnie de chemin de fer, de canal, ou de chemin de fer et canal, qui possède ou exploite des portions de voies de fer ou d'eau formant une voie de communication continue, ou qui a une tête de ligne ou un quai voisins d'établissements analogues d'une autre compagnie, doit offrir toutes les facilités raisonnables pour la réception et la réexpédition des marchandises, sans retard non motivé, et sans préférence ou avantage comme sans préjudice ou désavantage, de façon qu'aucun obstacle ne puisse entraver le public désireux d'utiliser les chemins de fer et les canaux comme voies de communication continues et d'y trouver toutes les commodités désirables sous ce rapport.

Et attendu qu'il y a convenance à interpréter et amender ledit acte de 1854 ; Qu'il soit en conséquence ordonné, savoir :

Sous les conditions indiquées ci-après, les facilités qui doivent être procurées, comme on l'a dit, doivent comprendre la réception, l'expédition et la délivrance du trafic en transit (*through traffic*), par toute compagnie de chemin de fer ou de canal, quand elle en est requise par une autre, moyennant des droits de péage et prix de transport fixés en conséquence (mentionnés dans le présent acte comme prix de transit) [1].

---

[1] En Amérique comme en Angleterre, des considérations d'ordre public obligent maintenant à restreindre la liberté qu'on avait cru pouvoir laisser aux Compagnies de chemins de fer, liberté qui dégénère en une véritable oppression pour le commerce et l'industrie. — Dans l'État de New-York, la loi générale du 2 avril 1850 (art. 22, 6°) avait autorisé toute compagnie à traverser les rails d'une autre et à se souder avec elle, stipulant que si l'on ne s'entendait pas à l'amiable

On procédera ainsi qu'il suit :

1° La compagnie qui requiert l'expédition du trafic notifiera par écrit à chacune des compagnies expéditrices le prix de transit qu'elle propose, en indiquant à la fois le montant total et la répartition, ainsi que l'itinéraire qu'elle a en vue ;

2° Dans un délai déterminé après la réception de cet avis, chacune des compagnies qui doivent prendre part à l'expédition fera connaître par écrit si elle accepte le prix et l'itinéraire, et, en cas de refus, les objections sur lesquelles il est fondé ;

3° Si, à l'expiration du délai prescrit, aucune objection ne s'est produite, le prix deviendra exécutoire ;

4° Si quelque objection a été présentée contre le prix ou l'itinéraire, la question sera soumise aux Commissaires pour être décidée par eux ;

5° En cas d'opposition, les Commissaires examineront si l'homologation du prix est une facilité convenable et raisonnable, — qu'il y ait lieu d'accorder dans l'intérêt du public, — et si, eu égard aux circonstances, l'itinéraire indiqué est un itinéraire raisonnable : ils admettront ou repousseront le Prix en conséquence ;

6° Si l'objection ne porte que sur la répartition du prix, ce prix deviendra exécutoire à l'expiration du délai fixé, et les Commissaires en régleront ultérieurement la répartition ; dans tout autre cas, la fixation du prix restera en suspens jusqu'à la décision des Commissaires ;

7° Dans la répartition du prix de transit, les Commissaires prendront en considération toutes les circonstances de l'affaire, y compris les dépenses spéciales afférentes à la construction, à l'entretien ou à l'exploitation de tout ou partie des lignes comprises dans l'itinéraire, aussi bien que les prix spéciaux qu'une compagnie peut avoir été autorisée à établir en conséquence ;

8° En aucun cas les Commissaires ne pourront forcer une compagnie à accepter des prix kilométriques (*mileage rates*) plus bas que ceux qu'elle peut légalement faire payer pour des transports semblables effectués de la même façon sur toute autre ligne allant du même point de départ au même point d'arrivée ;

9° Le délai dont il est question dans cet article sera de dix jours, ou davantage si les commis-

pour le règlement de l'indemnité, celle-ci serait réglée par des commissaires nommés suivant certaines règles. Il ne s'agissait là que de l'établissement des lignes. Quant on en vint à l'exploitation, chaque compagnie entendit ne s'inspirer que de ses intérêts propres dans ses rapports avec les compagnies voisines comme avec le public. C'est pour remédier à cette confusion qu'une loi de 24 avril 1872 vient d'ajouter à celle de 1850 un article ainsi conçu :

« Et toutes les Compagnies, dont les rails sont ou seront ci-après traversés ou soudés comme on vient de le dire, « devront recevoir l'une de l'autre et expédier à leur destination toutes les marchandises adressées à des gares de « leurs lignes respectives, méttant la même diligence et ne taxant pas plus haut que le tarif local applicable aux « mêmes marchandises reçues aux mêmes points, qu'elles viennent de simples particuliers ou d'autres compagnies. »

Ce texte, — on peut le remarquer en passant, - - avec moins d'ambages et de circonlocutions que celui qui a été libellé au Parlement anglais en 1854 et en 1873, est tout aussi formel en ce qui concerne le principe de l'égalité de traitement. La loi américaine n'a d'ailleurs que deux articles ; nous avons cité le premier ; le second n'est autre que la conclusion ordinaire, sacramentelle, du « Peuple » parlant par l'organe des deux Chambres : « Cet acte sera im- «. médiatement exécutoire. »

L'obligation de s'entendre aux points de jonction a été, comme on sait, imposée aux six grandes Compagnies françaises par le Cahier des Charges annexé aux Conventions de 1859. [Voir l'ouvrage déjà cité de M. Jacqmin, t. I, p. 20, et t. II, p. 348.]

saires jugent convenable de faire, de temps à autre, à ce sujet, un ordre de service général.

Là où une compagnie de chemin de fer ou de canal, soit par elle-même, soit par suite d'arrangements pris avec d'autres, emploie, entretient ou exploite des bateaux à vapeur pour faire communiquer des villes ou des ports, les dispositions du présent article s'étendront à ces bateaux à vapeur et au trafic qu'ils desservent.



12. Sous les conditions stipulées dans le précédent article, les Commissaires auront plein pouvoir pour décider qu'un prix total est convenable et raisonnable quand bien même la portion de ce prix allouée à l'une des compagnies intéressées serait inférieure au prix maximum que cette compagnie serait autorisée à faire payer. La répartition sera établie en conséquence.



13. Toute plainte motivée sur une contravention à l'article 2 du « *Railway and Canal Traffic Act*, 1854 », amendé par le présent acte, peut être présentée aux Commissaires par un conseil municipal ou toute autre communauté d'intérêt public, par une administration locale, par une commission de port, sans que les plaignants aient à prouver qu'ils soient lésés par la contravention. Mais il faut que cette plainte soit accompagnée d'un certificat du Board of Trade exprimant l'avis qu'elle est de nature à être soumise aux Commissaires.



14. Chaque compagnie de chemin de fer ou de canal tiendra, à chacune de ses stations et sur chacun de ses quais, un registre ou des registres indiquant les prix qu'elle fait actuellement payer pour le transport du trafic autre que les voyageurs et leur bagage, depuis cette station ou ce quai jusqu'à tout endroit pour lequel la Compagnie enregistre. On fera connaître la distance de ce point de départ aux stations, quais, voies de garage ou autres endroits marquant la fin du parcours auquel le prix s'applique.

Ces registres seront mis sans frais et durant une partie raisonnable de la journée (*during all reasonable hours*) à la disposition de ceux qui voudront les consulter.

Les Commissaires pourront, de temps à autre, sur la requête de toute personne intéressée, faire des ordres de service pour des transports d'une nature déterminée, requérant une compagnie de distinguer, dans le registre indicateur des prix, quelle portion de ces prix s'applique soit au parcours du chemin de fer ou du canal, y compris les droits de péage, soit à l'usage des voitures ou des bateaux, à la traction par locomotive, ou à d'autres dépenses dont la nature serait spécifiée en détail.

Toute compagnie qui ne se conformera pas aux prescriptions du présent article sera passible d'une amende pouvant atteindre cinq livres pour chaque contravention isolée ou chaque jour d'une contravention qui se prolongerait. Le recouvrement de cette amende s'opérera dans les formes prévues par le « *Railways Clauses Consolidation Act*, 1845 » et le « *Railways Clauses Consolidation (Scotland) Act*, 1845 ».



15. Les Commissaires auront le pouvoir de régler les difficultés ou les différends qui peuvent surgir par rapport aux frais de gares des compagnies de chemins de fer, quand ces frais n'ont pas été fixés par un acte du Parlement, et de décider le prix qu'une compagnie peut raisonnablement demander pour le chargement, le déchargement, l'abritement (*covering*), le groupement, la délivrance et autres services de même nature. Toute décision des Commissaires en cette matière aura force de loi près des cours et dans toutes les procédures légales.



16. Aucune compagnie de chemin de fer ou de canal, à moins qu'elle n'y soit expressément

autorisée par un Acte antérieur à l'homologation du présent Acte, ne pourra, sans l'approbation des Commissaires, — approbation qui devra être signifiée sous forme d'ordre de service général, ou directement, — entrer dans des arrangements qui aient pour but de donner à la Compagnie du chemin de fer un droit de contrôle ou d'intervention dans le trafic, les prix ou les péages d'une portion quelconque de canal. Les mêmes arrangements seront interdits à toute personne ayant quelques rapports avec l'administration d'un chemin de fer. Toutes conventions de cette nature, qui seraient conclues après le 1ᵉʳ septembre 1873 sans ladite approbation, seront nulles et non avenues.

Les Commissaires retireront leur approbation aux conventions de ce genre qui, dans leur opinion, seraient préjudiciables aux intérêts du public.

Un mois au moins avant qu'une convention de ce genre soit approuvée, des copies du texte, certifiées par le secrétaire de l'une des compagnies de chemins de fer intéressées, seront déposées pour être soumises au public dans le bureau des Commissaires et dans celui de la justice de Paix de la circonscription judiciaire (en Angleterre ou en Irlande) qui comprend le principal bureau de la Compagnie du canal en question, et au bureau du principal shériff du Comté en Écosse. Un avis de l'arrangement projeté, faisant connaître les noms des parties en cause, avec tous les renseignements de détail que les Commissaires pourront exiger, sera inséré dans la gazette de Londres, d'Édimbourg ou de Dublin, suivant que le principal bureau de la Compagnie du canal sera en Angleterre, en Écosse ou en Irlande, et envoyé au secrétaire ou au principal fonctionnaire de toutes les compagnies des canaux qui communiquent avec ceux que la convention concerne. Le même avis sera publié par tout autre mode que les Commissaires pourraient prescrire, dans le but de le porter à la connaissance de tous les intéressés.

17. Toute compagnie de chemin de fer possédant ou administrant quelque canal ou portion de canal les entretiendra en tout temps, y compris les réservoirs, les travaux et leurs dépendances, réparant, draguant, veillant sur les moyens d'alimentation, de telle sorte que la voie navigable soit constamment ouverte et en bon état, et que tout le monde puisse s'en servir sans obstacle, sans interruption et sans retard.

TRANSPORT DES DÉPÊCHES.

18. Toute compagnie de chemin de fer transportera par un train quelconque toutes les dépêches qui pourront lui être présentées, que ces dépêches soient ou non sous la garde d'un agent du Directeur général des Postes, et quand même ce dernier ne l'aurait pas avertie par écrit qu'elle aurait à transporter des dépêches par ce train.

Toute compagnie de chemin de fer donnera toutes les facilités raisonnables pour la réception et la délivrance des dépêches à ses différentes stations, sans exiger qu'elles soient enregistrées et sans causer d'autre retard.

Quand les dépêches seront sous la garde d'un agent du Directeur général des Postes, toute compagnie de chemin de fer laissera à cet agent la faculté de les recevoir et de les déposer lui-même ou par ses auxiliaires à toutes les stations, s'il le juge convenable, tout en lui prêtant l'assistance qu'il peut requérir.

Rémunération
pour le transport
des dépêches.

19. Toute compagnie de chemin de fer aura droit à une rémunération raisonnable pour les services rendus par elle en exécution du présent acte pour le transport des dépêches, et cette rémunération lui sera payée par le Directeur général des Postes.

Toute contestation qui s'élèverait entre le Directeur général des Postes et une compagnie de chemin de fer sur le montant de cette rémunération ou sur toute autre question dérivant du présent acte, sera vidée par arbitrage, dans les formes prévues par l'acte de la session de la première et seconde années du règne de Sa Majesté actuelle, chapitre quatre-vingt-dix-huit, ou, au choix de la Compagnie, par les Commissaires.

Transport des dépêches
par
les bateaux à vapeur.

20. Là où une compagnie de chemin de fer, par elle-même ou à raison d'arrangements pris, emploie, entretient ou exploite des bateaux à vapeur pour faire communiquer des villes ou des ports, toutes les dispositions formulées dans des Actes quelconques pour le transport des dépêches par chemins de fer, s'étendront aux bateaux à vapeur dans la mesure où elles leur sont applicables.

REGLES RELATIVES AUX COMMISSAIRES.

Commissaires adjoints.

21. Les Commissaires adjoints seront placés sous les ordres des Commissaires. Ils feront les enquêtes, rédigeront les rapports et rendront tous autres services qui pourront leur être demandés. Ensemble ou séparément, ils pourront être chargés d'arbitrages avec le consentement des parties. Aux fins de ces enquêtes, rapports et arbitrages, ils pourront exercer tous les pouvoirs conférés aux Commissaires par le présent acte, entrer, inspecter, mander et interroger des témoins, requérir la production de documents, déférer le serment.

Traitement
des Commissaires.

22. Les Commissaires recevront chacun un traitement n'excédant pas trois mille livres par an, et les Commissaires adjoints un traitement n'excédant pas quinze cents livres, la fixation étant laissée à la décision de la Trésorerie.

Les traitements et dépenses des Commissaires, des fonctionnaires (*officers*) qu'ils emploieront et des Commissaires adjoints seront payés sur des fonds à voter par le Parlement.

Assesseurs.

23. De temps à autre, dans l'exercice de la juridiction qui leur est conférée par le présent acte, les Commissaires pourront, avec le consentement de la Trésorerie, demander le concours d'un ou plusieurs assesseurs (*assessors*), qui seront des personnes possédant des connaissances techniques d'ingénieur ou autres. La rémunération due à ces assesseurs sera réglée par la Trésorerie sur la proposition des Commissaires.

Nomination d'employés.

24. Les Commissaires pourront nommer des employés (*officers and clerks*) en leur allouant les salaires qu'ils détermineront avec l'approbation de la Trésorerie.

Pouvoirs
des Commissaires.

25. Aux fins et sous les conditions du présent acte, les Commissaires auront plein pouvoir pour décider toutes questions de droit ou de fait, et ils auront en outre les pouvoirs indiqués ci-après :

(*a.*) Ils peuvent par eux-mêmes ou par des délégués, procéder à des enquêtes, pénétrer en vue de l'inspecter dans tout endroit ou tout bâtiment appartenant à une compagnie de chemin de fer ou de canal, ou placé sous leur dépendance, quand cette inspection leur paraît nécessaire ;

(*b.*) Ils peuvent faire venir devant eux et interroger toutes personnes, exiger des réponses ou des rapports sur toutes les questions qu'ils jugent convenable de faire ;

(*c.*) Ils peuvent requérir la production de tous registres, papiers et documents relatifs aux affaires dont ils sont saisis ;

(*d.*) Ils peuvent déférer le serment ;

(*e.*) Ils peuvent, quand ils siégent publiquement, punir pour manque de respect, comme s'ils étaient une *cour de record.*

Toute personne citée comme témoin par les Commissaires recevra l'indemnité allouée aux témoins cités devant la cour de record ; et, en cas de contestation sur le montant de la somme à allouer, la question sera déférée à un *maître* de l'une des cours supérieures.

26. Toute décision prise ou tout ordre donné par les Commissaires pour assurer l'exécution du présent Acte pourront devenir des ordres d'une cour supérieure, et ils seront mis à exécution soit de la manière indiquée par l'article 3 du « *Railway and canal traffic act*, 1854, » soit dans les formes usitées pour les décisions des cours supérieures.

Les Commissaires pourront reviser, rapporter ou modifier, en tout ou en partie, les décisions prises antérieurement par eux.

Dans l'instruction qui aura lieu devant eux en vertu des articles 6, 11, 12, et 13 du présent Acte, si l'une des parties le demande en consignant la somme qui sera indiquée par les Commissaires, ceux-ci devront exposer l'affaire par écrit et demander l'avis d'une cour supérieure (à leur choix) sur toute question qu'ils reconnaîtront être une question de droit. Ils pourront en faire autant dans toutes les autres affaires qui leur seront soumises en vertu du présent acte.

La cour à laquelle l'affaire sera déférée videra les questions de droit, réformera, confirmera, ou amendera la décision qui aura motivé l'appel, ou bien elle renverra l'affaire aux Commissaires avec l'avis de la cour, ou enfin elle prendra toute autre décision et taxera les frais. Toutes ces décisions seront définitives, pourvu que les frais de l'appel n'incombent en aucune façon aux Commissaires.

Ces appels ne seront pas suspensifs, à moins que les Commissaires n'en ordonnent autrement. Sous cette restriction, les décisions des Commissaires seront définitives.

27. Les Commissaires fixeront les époques et les lieux de leurs sessions, ainsi que leur mode de procédure, de la manière qu'ils croiront la plus convenable pour la prompte expédition des affaires. Ils pourront, sous les conditions du présent acte, siéger ensemble ou séparément, en public ou à huis clos ; mais toute plainte dont ils auront été saisis sera, si l'une des parties en cause le demande, plaidée et jugée en public.

28. Les commissaires taxeront les frais principaux et accessoires des litiges qui leur seront soumis.

29. Les Commissaires pourront, à toute époque après l'adoption du présent Acte, et de temps à autre, faire les règlements qu'ils jugeront nécessaires pour la fixation de la procédure de leur juridiction, y compris les demandes tendant à un appel et la présentation des pourvois. Ils en feront autant pour toutes les matières que le présent acte les autorise à prescrire, diriger, régler, notamment pour ce qui concerne la réduction de leur nombre à un ou deux. En ceci, toute personne lésée par la décision qu'ils auraient prise pourra demander à être réentendue par

tous les Commissaires réunis. Ils pourront rapporter et changer les règlements qu'ils auront faits en exécution du présent Acte. Tous les règlements généraux et les changements qu'ils auront subis seront soumis à l'approbation du Lord Chancelier et ne deviendront exécutoires qu'après avoir été approuvés par lui.

Tout règlement général fait en exécution du présent Acte sera immédiatement soumis aux deux Chambres du Parlement s'il est en session et, dans le cas contraire, sept jours au plus après la plus prochaine réunion ; et si l'une ou l'autre Chambre, par une résolution votée dans les deux mois qui suivront le dépôt de ces règlement généraux, décide qu'ils doivent, en tout ou partie, ne pas continuer à être en vigueur, ils cesseront aussitôt d'être en vigueur (*to be of any force*), sans préjudice néanmoins pour les règlements nouveaux que les Commissaires pourront faire à la place de ceux-là et pour les faits antérieurement accomplis. Mais, sous cette réserve, tout règlement général qu'il y a lieu de faire en exécution du présent acte sera considéré comme fait régulièrement et dans la limite des pouvoirs du présent Acte et aura son effet comme s'il eût été compris dans l'Acte même.

**Documents.**    30. Tout document comportant la signature des Commissaires ou de l'un d'entre eux sera reçu en témoignage sans preuve de la signature et, jusqu'à ce que le contraire soit prouvé, sera censé avoir été signé et régulièrement émaner des Commissaires.

**Les Commissaires doivent présenter des rapports annuels.**    31. Une fois par an, les Commissaires adresseront à Sa Majesté un rapport sur les opérations conduites par eux durant l'année précédente en exécution du présent acte, et ce rapport sera soumis aux deux Chambres du Parlement dans un délai de quatorze jours si le Parlement est en session et, dans le cas contraire, quatorze jours après la plus prochaine réunion.


### DIVERS.

**Règlement des honoraires et frais.**    Les Commissaires pourront, avec le concours de la Trésorerie, fixer réglementairement les honoraires auxquels donneront lieu les affaires qui leur seront soumises, et ils pourront de temps à autre, par voie de règlement, avec le même concours, augmenter, diminuer, supprimer tout ou partie de ces frais et en établir d'autres.

**Recouvrement des frais, 29 et 30 Vict., C. 76.**    33. L'Acte des « *Public Offices Fees*, 1866, » s'appliquera à tous les frais dont il vient d'être question.

**Taxation des frais et dépens.**    34. Tous les frais et dépens à allouer aux personnes qui seront citées devant les Commissaires seront taxés, si la demande en est faite, de la même manière et par les mêmes personnes que si le procès se passait devant une cour supérieure.

**Comment les avertissements doivent être donnés.**    35. Tout avertissement dont la remise est requise ou autorisée en exécution du présent acte pourra être manuscrit ou imprimé, ou en partie de l'une et de l'autre façon ; il pourra être envoyé par la poste et, dans ce cas, sera censé avoir été reçu au moment où la lettre qui le contenait aurait été remise dans le cours ordinaire du service de la poste ; et, pour prouver l'envoi, il suffira de prouver que la lettre contenant l'avertissement avait été affranchie, qu'elle portait une adresse convenable et qu'elle avait été déposée dans un bureau de poste.

**Application de l'acte à l'Écosse.**    36. Dans l'application du présent Acte à l'Écosse,

(1). L'expression « cité devant une Cour de Record (*a Court of Record*) » signifie « cité devant la haute Cour de Justice (*the Court of Justiciary*) » ;

(2). Le secrétaire (*Remembrancer*) de la Reine et du Lord Trésorier remplira les fonctions de maître de l'une des cours supérieures.

DISPOSITIONS TEMPORAIRES.

37. Le présent acte restera en vigueur pendant cinq ans après son adoption et ensuite jusqu'à la fin de la plus prochaine session du Parlement ; mais l'expiration de l'Acte n'affectera pas la validité de ce qui aura été fait antérieurement.

*Durée des fonctions et des pouvoirs des Commissaires.*

Là se terminent les extraits, les matériaux d'étude que nous annexons à notre rapport de mission, pour le cas où d'autres que nous trouveraient à y glaner quelque chose. La classification promise et qu'on trouvera ci-après met en évidence les points sur lesquels le Parlement a été amené à formuler des prescriptions générales. Nous n'y ajouterons que quelques remarques sommaires.

Pour apprécier l'ensemble des sujétions légales qui pèsent sur l'établissement des chemins de fer anglais, il convient d'ajouter aux prescriptions législatives celles qui émanent du Board of Trade et que nous avons en grande partie indiquées (P. 114). La nécessité d'une autorisation préalable à l'ouverture des lignes est un moyen de contrôle indirect et détourné sur tous les éléments techniques de la construction ; mais, si nous ne nous trompons, il n'y aurait pas plus d'une quinzaine d'années que le Board of Trade a trouvé, dans les inquiétudes croissantes de l'opinion publique, un point d'appui suffisant pour manier efficacement cette arme défensive de l'intérêt de tous. L'État n'a pas d'action sur les lignes antérieurement ouvertes.

Construction.

L'Administration est peu intervenue jusqu'ici dans l'exploitation *technique* des voies ferrées. Cependant elle contrôle le service des passages à niveau. Elle a rendu les appareils d'enclanchement obligatoires pour toutes les bifurcations qui s'établissent. Elle recommande aux Compagnies de mettre dans chaque train un nombre déterminé de voitures à freins, faute de quoi elle limiterait légalement la vitesse à laquelle les trains pourront circuler sur les lignes nouvelles. — Du reste, il n'y a qu'à lire les journaux pour voir que le vent souffle à l'intervention d'une autorité protectrice et à l'unification des voies ferrées. On s'attend à ce que le service de la traction notamment soit bientôt l'objet de mesures réglementaires.

Exploitation.

Ce qui est bien plus grave pour les Compagnies et d'une légitimité plus contestable au point de vue du droit, c'est la réglementation de l'exploitation *commerciale*. Si les tarifs ne sont pas soumis à une homologation ministérielle, du moins ils devront être publiés désormais ; et comme l'égalité de traitement est un principe proclamé par le Parlement, voilà une sérieuse atteinte portée à la liberté des transactions des Compagnies avec le public. D'ailleurs la juridiction attribuée aux *Commissaires des Chemins de fer*, en cas de contestations sur les prix de transit et les frais accessoires, est de nature à initier ces hauts personnages d'une façon bien intime et bien indiscrète aux affaires des Compagnies.

Un autre fait qui nous frappe dans la série des documents législatifs, c'est que depuis une dizaine d'années le Parlement, comprenant un peu tard son inaptitude à régler de simples détails d'administration, délègue progressivement des pouvoirs qu'il ne pouvait pas exercer convenablement. En 1863 (Chap. 92), ce sont les changements à apporter aux projets approuvés et le service des passages à niveau. En 1864 (Chap. 120), ce sont les conventions d'exploitation, les prolongations de délai pour la vente des terrains demeurés sans emploi, enfin la création d'un capital additionnel. La même année (Chap. 121), le Board of Trade est investi de la faculté d'autoriser la construction de certains embranchements dans des cas spéciaux. En 1868 et 1871 le Parlement pose le principe d'une véritable inspection financière; les Compagnies en fourniront la base par des comptes rendus annuels; la loi dit bien que ces inspecteurs, désignés par le Board of Trade, n'auront pas qualité pour intervenir dans les affaires des Compagnies : mais la porte qu'on leur ouvre en termes un peu voilés, — afin de n'effaroucher personne, — pourra les mener loin. Du reste, le nouveau régime s'est beaucoup plus nettement dessiné dans la loi du 21 juillet 1873.

Ces mesures de réparation, de répression, ramènent naturellement la pensée vers le système, en quelque sorte préventif, qui fut fondé en France par la loi du 11 juillet 1842, puis développé par les Concessions de 1852 et les Conventions de 1859. Le rapporteur de la loi de 1842 (M. Dufaure) estimait que l'on concilierait ainsi « les intérêts du présent et ceux de l'avenir ». Nous sommes porté à croire qu'en Angleterre comme en Amérique la justesse de ces prévisions trouverait peu de contradicteurs aujourd'hui.

# CLASSIFICATION

## DES MATIÈRES DE L'APPENDICE

PARIS. — IMP. SIMON RAÇON ET COMP., RUE D'ERFURTH, 1.

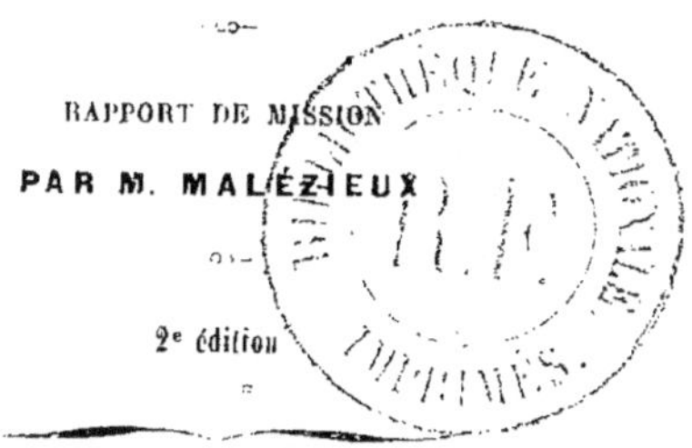



# ERRATUM

Les numéros de pages indiqués dans la *Table des matières* de l'*Appendice* (p. 177-179) sont à changer. La feuille qui les contient doit être remplacée par celle qui est ci-jointe.

# CLASSIFICATION

## DES MATIÈRES DE L'APPENDICE

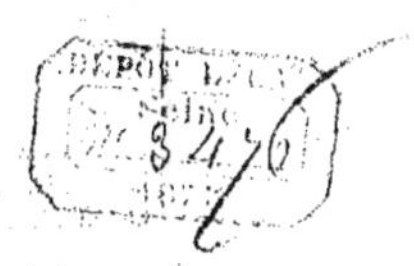

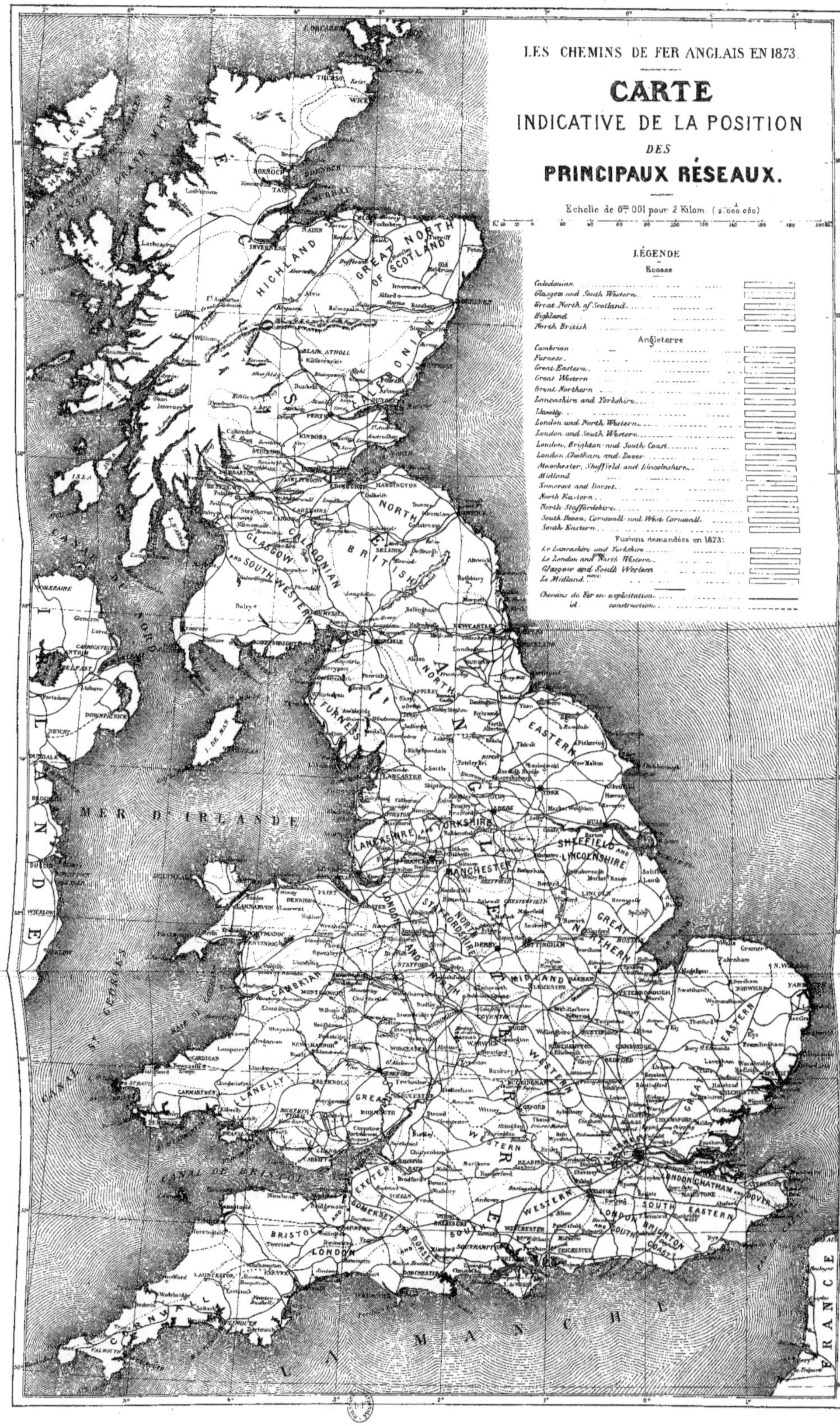

LES CHEMINS DE FER ANGLAIS EN 1873.
CARTE
INDICATIVE DE LA POSITION
DES
PRINCIPAUX RÉSEAUX.
Echelle de 0m 001 pour 2 Kilom. (1/2.000.000)
LÉGENDE
Ecosse
Caledonian
Glasgow and South Western
Great North of Scotland
Highland
North British
Angleterre
Cambrian
Furness
Great Eastern
Great Western
Great Northern
Lancashire and Yorkshire
Llanelly
London and North Western
London and South Western
London, Brighton and South Coast
London Chatham and Dover
Manchester, Sheffield and Lincolnshire
Midland
Somerset and Dorset
North Eastern
North Staffordshire
South Devon, Cornwall and West Cornwall
South Eastern
Fusions demandées en 1873:
Le Lancashire and Yorkshire
Le London avec North Western
Glasgow and South Western
Le Midland avec
Chemins de Fer en exploitation
id. construction
MER D'IRLANDE
LA MANCHE
CANAL DE BRISTOL
CANAL ST GEORGES
FRANCE
IRLANDE
HIGHLAND
GREAT NORTH OF SCOTLAND
CALEDONIAN
NORTH BRITISH
GLASGOW AND SOUTH WESTERN
NORTH EASTERN
FURNESS
LANCASHIRE AND YORKSHIRE
SHEFFIELD AND LINCOLNSHIRE
MANCHESTER
GREAT NORTHERN
GREAT EASTERN
MIDLAND
LONDON AND NORTH WESTERN
NORTH STAFFORDSHIRE
CAMBRIAN
LLANELLY
GREAT WESTERN
LONDON CHATHAM AND DOVER
SOUTH EASTERN
LONDON BRIGHTON AND SOUTH COAST
SOUTH WESTERN
SOMERSET AND DORSET
BRISTOL AND EXETER
CORNWALL
LONDON
EDINBURGH
NEWCASTLE
YORK
HULL
LEEDS
CARLISLE
LANCASTER
DERBY
NOTTINGHAM
CAMBRIDGE
BEDFORD
OXFORD
READING
WINCHESTER
SOUTHAMPTON
DORCHESTER
CARMARTHEN
CARDIGAN
INVERNESS
ABERDEEN
DUNDEE
PERTH
LEWIS
I. DE MAN

Pl. 1

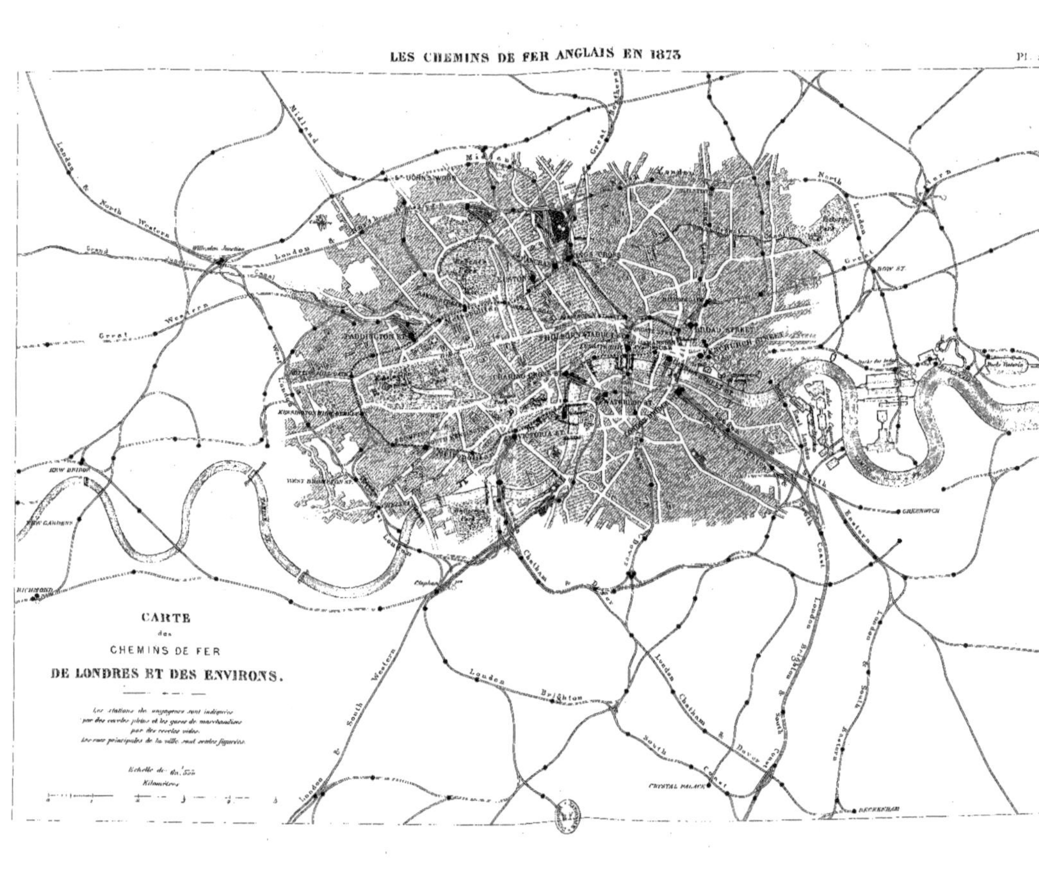
CARTE
des
CHEMINS DE FER
DE LONDRES ET DES ENVIRONS.

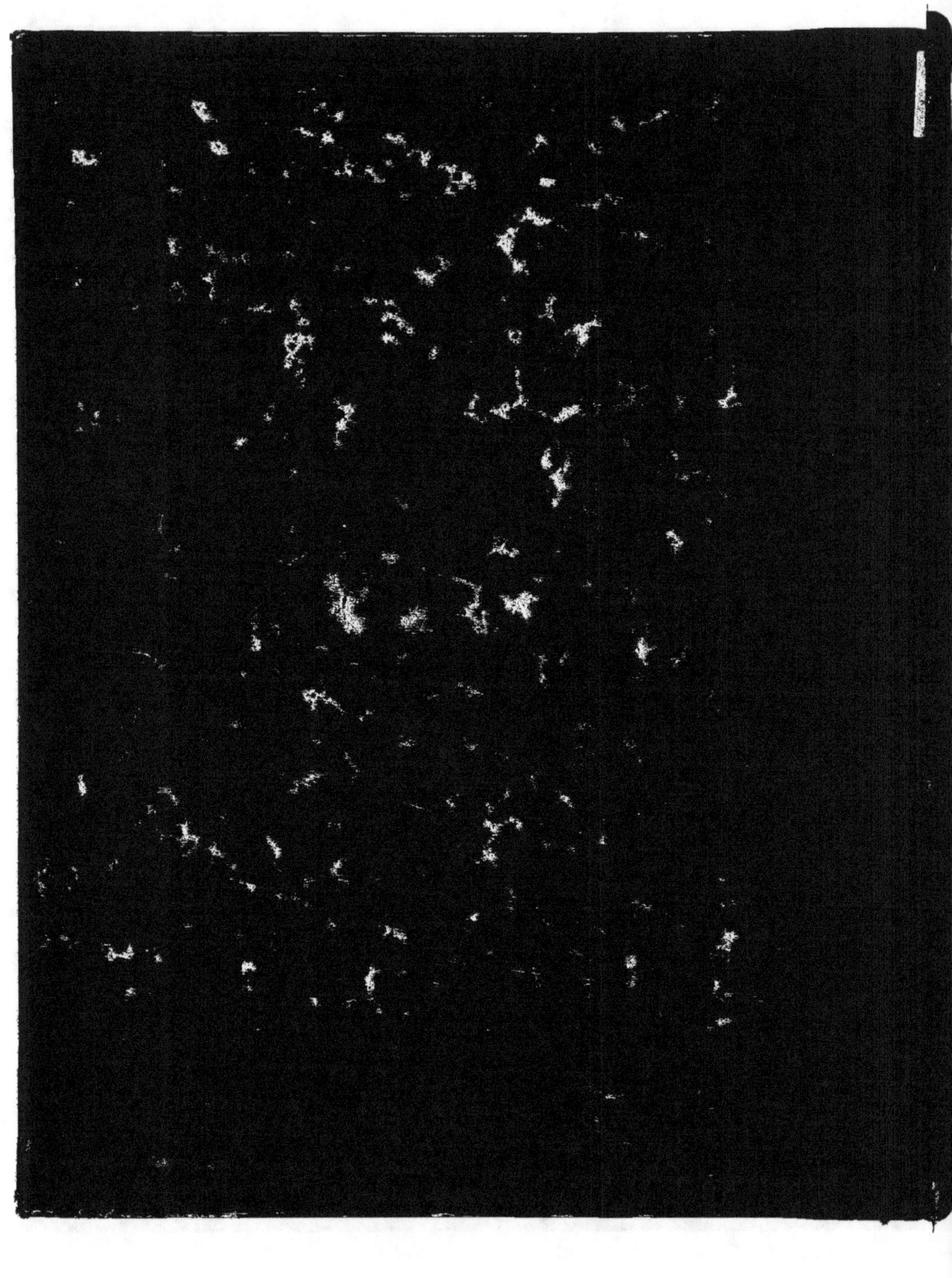